[西]索尼娅·孔特拉（Sonia Contera）/著　孙亚飞/译

纳 米 与 生 命

Nano Comes to Life

中信出版集团 | 北京

图书在版编目（CIP）数据

纳米与生命 /（西）索尼娅·孔特拉著；孙亚飞译．
—北京：中信出版社，2021.10
书名原文：Nano Comes to Life
ISBN 978–7–5217–3531–4

I.①纳⋯ II.①索⋯ ②孙⋯ III.①纳米技术－普
及读物 IV.① TB383–49

中国版本图书馆 CIP 数据核字（2021）第 180205 号

纳米与生命
著者：   [西] 索尼娅·孔特拉
译者：   孙亚飞
出版发行：中信出版集团股份有限公司
      （北京市朝阳区惠新东街甲 4 号富盛大厦 2 座 邮编 100029）
承印者：北京诚信伟业印刷有限公司

开本：880mm×1230mm 1/32   插页：4
印张：7.25   字数：131 千字
版次：2021 年 10 月第 1 版   印次：2021 年 10 月第 1 次印刷
京权图字：01–2020–3584   书号：ISBN 978–7–5217–3531–4
                  定价：59.00 元

给阿图罗和伊莎多拉

第 2 章
边制作，边学习：DNA 和蛋白质纳米技术　069

第 3 章
医学中的纳米　103

　　21世纪以来，科学的逐步融合，特别是物理学、纳米技术、生物和医学等学科的交叉融合，构成了我自己科学生涯的图景，横跨不同的大陆，也跨越了不同的科学与文化。2007年，我的学习与工作的旅程指引着我从物理走向纳米技术，再到生物学，最后又重回物理学，在我游学过西班牙、中国、捷克、日本、丹麦和英国之后，我成为医用纳米科学研究中心的联席主任，从事牛津大学牛津马丁学院的一个科研项目。这所学院由詹姆斯·马丁与莉莉安·马丁捐助设立，旨在成为一个交汇中心，让所有相关的学术科研都可以在这里汇集起来，以调查并讨论21世纪面临的挑战与机遇。牛津马丁学院建立了与公众沟通的机制，在此鼓舞之下，我开始进行一些有关纳米技术以及医学与生物之未来的讲座，这些都深深地源于我用物理学家的眼光看待世界。尽管科学融合的步伐在加快，对于学科融合如何重塑我们的工作方式以及对自然界进行思考的方式这些问题，科学界的反应却较为迟缓，因此我的讲座也是在试图满足自己作为科学实践者的需要。在公开场合对着学术界或非学术背景的观众谈论这些话题，已经成为我学术生涯的重要组成部分，也让我能够反思更多我自己科研的内涵、历史与背景。如今我在世界各国，对着不同的观众开展我的讲座，这让我得以与很多群体交流，也能够认识到公众对这些融合技术抱有极大的兴趣。这些技术定义了我们的现在，而且很有可能塑造我们的未来。

所以，当我的编辑英格里德·格内里奇找到我写这本书的时候，我便爽快地答应了，尽管我有沉重的学术科研任务，还有两个嗷嗷待哺的孩子。无论是哪种教育背景的人，似乎都对我讲的科学故事兴趣盎然。我们正生活在一个让人激奋的时代：我们对周遭乃至身体内物理与生物事实的认识，正在以指数级的速度被打破。科学的融合正带来一场变革，不只是在技术领域，也涉及我们与物质世界在生理、文化和哲学层面的联系。在这个时刻，我们思索并探讨着快速变化的现在，也在集体想象着让新技术美梦成真的光明未来。我希望这本书能够以一种有意义的方式对这样的对话产生贡献。

对于我家人给予的支持与耐心，以及编辑不遗余力的鼓励，我深表感谢。同时，我也要感谢对我初稿进行审读与批评的各位朋友与同事们：查尔斯·奥尔森（Charles Olsen）、罗萨里奥·鲁伊瓦尔·比利亚塞尼奥尔（Rosario Ruibal Villaseñor）、阿尔韦托·梅昌特（Alberto Merchante）、伊邦·圣地亚哥（Ibon Santiago）以及莉娜·加尔韦斯（Lina Gálvez）。伊万·沙普

（Iwan Schaap）以及teamLab的美意让我受益匪浅，他们给我提供了精美的图片，也激发了我在创作本书时的一些灵感。很多交谈对于我思想的塑造而言很重要，特别是与物理学家雅各布·塞弗特（Jacob Seifert）、我的博士生导师岩崎裕（Hiroshi Iwasaki）、电影导演艾莉森·罗斯（Alison Rose）以及数学史学家阿加特·凯勒（Agathe Keller）的交谈。

科学融合于生物学，重塑健康

生物学是现代科学中被研究得最为深刻的学科。健康、死亡、我们在宇宙中的位置与身份……除了这些人类永恒关注的生命话题之外，隐藏在生物学复杂性背后的力量，正在让几乎所有科学技术的分支都被吸引到对生命的研究中去。生物学不再是生物学家、生化学家以及药物学家的自留地；在21世纪，物理学、数学以及工程科学都在与更为传统的生物学科融合，在其多面而动态的结构与功能中，寻找对生命更深层的理解。在我们这个激荡不已又失去方向的年代，生物学内在的运转模式，以及它对生命意义的独到见解，已经成为人类创造力的焦点，孕育着技术与文化上的创新。这也许会让我们更好地生存，又或者会加速我们的灭亡。

科学对生物学的诉求，是要在所有生物学的空间尺度上获得满足——从纳米尺寸的分子，到微米大小的细胞，再到以米作为单位的真核生物[1]；对于所有的表现形式也是如此，从生物中各种分子令人难以置信的形态与功能的多样性，到驱动复杂蛋白质、脂膜或DNA（脱氧核糖核酸）螺旋精密组装的作用力与过程。科学寻求有关单个分子、细胞、组织、器官以及生态系统的知识，这包括了对生物学结构如何催生个体以及集体"智慧"[2]的研究，而这一智慧又让活着的生命得以在地球上继续生存。

除了对知识纯粹的探索，经济收益和社会影响力也是科学界的日常驱动力（甚至更多的是因为科研基金）；因此，人们会注意到，目前科学界希望所有事情都和生物学挂钩的动力，通常是技术方面的。从生物学获取的潜在技术回报十分丰富，一如新的学科从生物学中汲取知识产生的演变。比如，计算机科学家热衷于学习人类大脑组织的精确细节，以便他们在算法结构中反映出神经元之间的层状连接。他们希望这可以带来AI（人工智能）的大幅提升，同时有助于更好地理解人类自身的思考能力。材料科学家和机器人科学家观察生物结构的组装，以激发设计新型仿生材料和机器人的灵感。在物理领域，科学家研究负责光合作用的植物蛋白质，寻找可应用于未来的量子计算机的生物配方。

无论这些参与生物学研究的新加入者多么活跃和专注，医学始终占据着生物研究的中心位置，是主要的智力、社会及经济引擎。医学研究有助于吸引基金的注入，而且更为重要的是，它扮演着知识整合者的角色。被吸引到生物领域的科学技术，出于不同的目的，以不同的路径抵达此处，但是医学可以消除学科间的文化障碍，加速它们的融合，从而寻找更好的策略以发现本质的发病原因，并采取更好的干预措施以保持或恢复健康。

认识疾病并进行治疗，这是一个无比复杂的挑战，需要"携手共进"——把所有可用的技术和科学知识都集合起来。尖端医疗研究已经融入了AI、材料技术、机器人技术的最新发展成果，而且毫无疑问会在量子计算机成熟之后就得到应用。去过现代医院的每个人都可以见证，大多数人类技术都以这样或那样的形式被改造，以便适应医院的使用条件：从毫不起眼的温度计，到用来给肿瘤成像的PET（正电子发射断层成像）扫描仪背后的正电子物理学；从用来控制生育的手机应用软件，到用于根除疾病的基因编辑技术。医院就是最富营养的文化载体，为科学技术知识的融合与生长提供了土壤。

当前研究的广度、强度以及发展速度，充分说明我们还生活在生物学与医学发生大变革以前的时代。那些长期困扰人类的问题，比如生命的起源与多样性，还有我们智力与意识的来源，可能远远得不到明确的答案。然而，以前所未有的强度加速进行的跨学科融合，让我们感觉自己正处在一个转折点，即将不可逆转地奉迎新技术的降临。这些技术将会改变我们对生物学的理解与控制，它们将以非常新颖又有效的方式，赐予我们力量治疗自身，从而延长或改造我们的生命。

生物学与医学中的纳米技术

纳米技术（在纳米尺度上实现物质的可视化、相互作用、操控与创造）的发展是迈向突破边缘的必要一步，今天如此，未来还将如此。这主要是因为，生物体内主要的分子"玩家"，还有医学中主流药物与治疗方法的作用目标——蛋白质与DNA——都是纳米尺度的。纳米技术是纳米尺度的接口，它将我们感知的宏观世界与单个生物分子所处的纳米世界直接联系起来。为了抵达医学界的天堂——获取恢复完美健康的力量，我们还需要知晓分子在特定环境下如何作用，它们为什么在疾病中发生故障，又是如何发生的；更为重要的是，如何发现它们、瞄准它们，以及让它们失活或被激活。在这种空间认知中，医学与纳米技术平行：为了治疗，我们需要跨越空间范围，从医生的宏观尺度到生物分子所在的纳米尺度，在由器官、组织和细胞构成的超复杂多尺度景观中穿梭。从早期的纳米技术开始，其主要使命之一便是创造出各种工具——这些工具可以直接在它们的复杂介质中一次一个地和关键的生物分子发生相互作用，并通过这种方式，在医学环境中使瞄准单个分子变得更加接近现实。我们依然在对此进行研究，而本书也尝试着在一定程度上说明，我们已经在这条路上走了多远。

除了引入纳米工具，让新的生物学及医学研究变成可能，纳米技术已经实现一项更为基础的贡献：吸引物理学家关注生物学。在20世纪的最后10年里，人造纳米材料以及纳米技术的一些工具（显微镜与纳米操控装置）都已经开始出现。大批对纳米尺度物质感兴趣的物理学家利用它们，试图理解为什么生物最先在水（盐水）介质中利用纳米尺度的组装模块构建自身，以及这一切是如何发生的。物理与化学的耦合，让生物学功能得以实现。这些科学家着迷于这一过程，因而致力于利用纳米技术的方法，研究蛋白质、DNA以及其他重要的纳米尺寸生物分子的工作原理。在这一进程中，他们变成了生物物理学家，探寻着深层科学问题的答案，比如：纳米尺度的什么特性，让它对于生命的诞生显得如此特殊？另一些人更为实际一些，他们看到了设计纳米材料的机遇，将这些材料用在采取更为精确又合理的方法来治疗疾病的过程中，从而改进目前的药物治疗方案。于是，他们成了纳米药物科学家。

这一交叉学科领域的行动引领了特定工具的发展，它们被构建出来以研究生物过程，以及生理条件（温盐水）下的纳米参与者。随着纳米生物科学家先驱们扩充了他们在生物学领域的知识，材料科学、物理学、化学以及生物学之间的壁垒也被他们消融了，从而诞生了新一代研究者，这些研究者可以自然地跨学科进行研究，不再拘泥于智力或文化上的障碍，可以与其他任何科学领域产生交集。

定量生物学的诞生：生命的全新物理学

纳米技术在生命科学中的出现，促使一大批物理学家进入生物学领域，也让人们对一些过去的问题有了新的看法。这些科学家所做的实验，与大多数生物学家或生物化学家的研究都有区别，他们受机械论假说所驱使：也就是说，他们追求定量的数据，以帮助解释所研究的过程中实际的功能机制。生物学家通常提出的问题是："谁（具体哪种分子）发挥了这一作用？"对于物理学家而言，问题是："它是如何实现的，为什么会这样？我能否用数学对其建模？"当你用一双物理学家的眼睛看待生物系统时，你会寻找一些关键参数，以解释生物系统是如何运转的：尺寸、温度、能量、速度、结构、硬度、电荷，还是化学活性？

至关重要的一点在于，物理学家的终极目标是建立生物过程的数学模型，用以描述这些机制。如果数学模型重现甚至预测了生物学中的这一过程，我们就开始明白实际驱动它的基本量与作用力。在生物学中引入这种"定量研究"的优势在于，它释放了一种令人生畏的力量：精确的数学模型可以在计算机中被用来预测特定生物过程的行为，或者用更现代化的科学术语来说，只需要电脑模拟，而不需要实验。这也就意味着，如果此法奏效，数学模型可以逐步淘汰传统生物学、医学以及药理学中的试错方法。这些实验慢得让人备受折磨，成本高昂，而且正如新药的开发过程常常凸显的那样效率低下。计算机建模方法已经在现代土木工程、航空学以及建筑学中得到应用。在这些领域中，工程师将计算机拟合与建造材料机械性能（如弹性、黏度、强度、刚度）的定量数据结合，通常会在建造工作开始之前，用电脑来测试设计的可行性。

如果没有发明这样一种技术，对生物体中动态且多层次的复杂结构进行监控——从蛋白质和DNA的纳米尺度到细胞，再到生命体中的组织，那么在医学中应用这种定量方法是完全不可能实现的。这些技术不仅需要让不同尺度下的生物结构及其运动变得可视化，而且要能够提取出关键的物理或化学参数（硬度、电荷、温度等），从而得以开发出正确的数学模型，让计算机建模成为可能。

一旦单一分子在纳米尺度的实验信息变得可行，它就可以用于构建模型描述分子的功能，比如，蛋白质或DNA在自然环境或在疾病条件下的功能。随着能够在复杂生物环境下实时收集这些分子的大量定量数据的技术开始出现，对单一分子进行建模的能力会逐渐被整合。未来，AI算法（例如那些机器学习技术）会被越来越多地用于协助分析生物"大数据"[3]。生物物理学与生物大数据以及AI模型的整合，会催生出生命体越发精确且"智能"的模型。然而，20世纪的物理学家告诉我们，在非常复杂且相互关联的系统中，知道构建模块的作用机制，并不足以预测整体的行为：在更大的尺度上，生物表现出一些更小组成部分不会出现的行为，或者那些不能根据分子构建模块相互关系进行解释的行为。这是因为复杂组织的物质会表现出由构建模块之间相互作用形成的聚集现象，或者我们用物理学的术语说，产生了涌现的特征。涌现行为包括细胞运动、大脑中的机械振动、穿过细胞膜的电流信号，以及形态与硬度的变化，这些例子中没有一个在仅仅理解构建某种结构的分子时就能够进行预测。这就意味着，当我们把（显微镜的）镜头拉远，从纳米尺度到微米尺度时，纳米尺度的模型就需要变得"粗颗粒化"，从而进行整合并与正确描述细胞行为的模型保持一致，而这些行为则是从纳米尺度行为涌现而来。

与此类似，细胞层级需要被整合到组织与器官层级的模型中。例如，一个肿瘤的数学模型可以将它的形态、尺寸以及生长模式与单个肿瘤细胞的特性及其分子环境联系起来；而在下一个尺寸层级中，模型应当涵盖细胞特性及它们的分子与遗传活动相联系的方式。这一模型原则上应当可被用于直接或间接针对单一分子设计出多模态治疗方案。将纳米精度的药物输送与物理治疗（例如对肿瘤施加电信号或机械信号）结合起来，可以挑出特定的分子，并通过一些物理或化学现象对其产生影响，而这些现象与肿瘤不同的空间或时间尺度相关。换句话说，它可以同时锁定肿瘤生物学的分子、细胞与组织层级。这是一项艰巨的任务，但是使之变为可能的工具正在慢慢地发展并汇集起来。

我们可以与过去进行对比。在20世纪之初，研究原子的工具出现，这带来了量子力学领域的发展。[4]随后，一些很有创造力的数学模型支撑起固体物理学，它成功地解释了晶态固体[5]的宏观特性是如何从原子的排列与性质中产生的。最终，这也为出现在我们手机和其他电子设备中的现代电子元件奠定了理论基础。

尽管生物学要比晶态固体复杂得多，但是现在所有科学领域的研究趋势都是汇聚到生物学中，这无疑说明，这项巨大而艰难的任务正在被推进。我们在前进，虽然有些迟缓，却迈开了不可阻挡的脚步，朝着对生物现象进行定量的数学表述前进。换句话说，我们追求生命的物理学。

上一代还原论者力图将生命描述成纯粹的生化计算机，认

| 纳米尺度（1~100 nm）
生物分子 | 微米尺度（0.5~100 μm）
细胞 | 宏观尺度（mm—cm—m）
组织（肌肉、心脏、皮肤） |

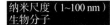 DNA

 蛋白质
通常在 3~100 nm

大肠杆菌
约 1 μm

 动物细胞
10~100 μm（或更大）

对运动、形态、机械、电荷及相关分子的定量测量，以及探究哪些基因有活性……

技术（部分例子）：
AFM、光钳、显微镜　　　显微镜、基因组学、　　　显微学、组织学、
　　　　　　　　　　　　蛋白质组学、AFM　　　　流变学、超声波

数学模型：
生物分子功能的模型　　　细胞行为的模型　　　　组织模型

多尺度智能模型整合上述的一切！
结合了物理、建模、模拟和人工智能

图0.1　关于生命的新物理学，试图在每一个相关的尺度上构建出生物的机械模型，并将这些模型整合到更大的多尺度模型（包含所有相关的尺度）中

为它运行着由基因编码的算法程序，在这样一个新的景观之下，如今却成为一个严肃的命题。面对训练有素的传统生物学家常常投射出来的怀疑眼神，深谙纳米技术、物理学及数学的科学家正在缓慢地启动他们的计划，定量地解释生命与健康背后交织的基因、化学及物理机制，并用数学预测疾病与创伤背后的生物学原理。特别是在医学上，他们尝试实施合理的健康恢复策略，一次只针对一个病人。他们最终的目标，是用数学和计算机模型设计出针对特定病人、特定疾病的治疗方法，而不是像我们现在所做的那样，通过无休止的试错，找到对大多数病人有效的配方。

生物学和医学的转变

在本书中，作为跨学科工作的科学家，我将会试着去搞清楚我所处并目睹的一些现实。我很有资格来讲述这样一个故事：物理学家和数学家如何共同努力，在崛起的纳米技术与强大的定量实验技术的推动下，正在改变生物学，并慢慢地建立起识别和迎接现代医学核心挑战的能力。从事医学工作，意味着要和无数个纳米尺度的模块打交道，这些模块构成了活体组织，它们复杂、动态、迂回又层次分明。为了治愈疾病，我们需要将精确设计的治疗药剂调控在合适的浓度，使之触及特定的细胞、蛋白质和DNA；为了康复或再生，我们需要理解并复制出组织器官中健康细胞所处的纳米环境。这些学科便是纳米技术及其衍生的科学技术正在改变游戏规则的地方，它们也是本书的核心。

第1章描述生物学中纳米技术与定量技术的应用，包括它如何拓展科学领域，使其涵盖生命中所有的尺度、错综交缠的复杂性以及多样性。我试着整理出一些最重要的突破，以勾勒出一幅生物研究领域不断演变的图画。这一新领域的出现，某种程度上是因为我们意识到，如果继续墨守上一代人乐观的期望，认为生命可以被简化为基因与分子，那么医学现在的瓶颈便依旧会被堵塞。随着对生物的复杂性不断钻研，我们也意识到对生命的所有细节进行解释这一最终目标目前仍然不可能实现，但是我们依赖定量方法以及新的工具提供解决特定问题的方案，可以为这一目标铺路。对于这幅宏图，我会借助一些例子进行解释，也就是定量生物学方法如何被用于查询关键生物分子的功能、结构与相互反应，同时用于理解与这些分子相关的活动如何形成了亚细胞结构——它们在纳米尺寸下的活动整合形成整个细胞乃至生物体的行为。

作为对这一方法的补充，同时也是回应令人生疑的生物复杂性（"我们如何才能真的知道我们的模型是正确的？"），另外一些人基于纳米科学家与定量生物学家的精神，采取了更为实用的策略。这一策略源于富有远见的物理学家理查德·费曼的一句话："我不能创造的，便不能理解。"换句话说，边操作边学习。比如说，我们知道固态材料的量子理论非常精确，因为我们的手机会按照我们的需求去运转。如果我们设计出来的设备并不好使，那么这毫无疑问说明，在我们寻求应用的科学中还有什么东西是错误的，或者是被忽略的。要知道科学理论是否行得通，实践应用是最终的检测手段。

这一原则在纳米技术及生命科学领域中的应用，正在改变人造材料的制作方式及其可能的用途。第2章到第4章回顾纳米技术以及纳米尺度衍生而来的科学技术如何被用于创造生物启迪与生物模拟（仿生）的纳米材料与纳米机器，以及将这些纳米结构整合成一些策略，旨在解决特定的医学问题，清除一些障碍。

在第2章中，我总结了一些学科的发展，这些学科试图利用生物分子与生物学的组织原则共同搭建人造的纳米结构。这一活动自打DNA纳米技术出现时便开始了，这种技术正逐渐成熟并成为独立的研究领域。DNA纳米技术追求的是使用人造DNA构建模块，对任意形状进行设计与构造。更重要的是，DNA纳米技术试图赋予DNA结构纳米尺度的功能以应对复杂的任务，比如给分子的合成提供一个活性模板，甚至就像一台可编程的分子计算机或DNA机器人那样，能够将药物载体输送到肿瘤处。与此相对应地，蛋白质纳米技术领域则试图利用天然或人工合成的蛋白质，实现相同的目标；这比起用DNA制备纳米结构，是更为艰巨的目标，但也会得到更广泛的应用。科学整合与生物学定量方法中最引人注目的案例之一，就是实现了"定制化蛋白质"。近期，科学家已经能够将细胞中的分子机器劈开，制作出"后演化蛋白质"，也就是从未在自然界出现过，却已经被科学家通过超强计算机程序预先设计的蛋白质。这些技术也让纳米技术先驱们的一个梦想有可能实现：应用分子组装件，根据计算机预先研究过的合理设计，制备出原子级精度的任意形状。生物分子纳米技术的一个基本驱动力，是制造出能够在纳米医学方面应用的强大工具，从医用药物的分子DNA组件到更好的疫苗、强力的抗病毒与抗细菌纳米药物，再到靶向药物输送系统。

第3章给出了纳米医学这个多学科"兵工厂"的一个关键方面：纳米技术如何通过开发药物输送策略定向瞄准肿瘤与癌细胞，从而用于提高目前癌症化疗的效率。尽管通过纳米结构进行药物输送是纳米医学的首要目标之一，吸引了最多的支持，但是投入其中的努力并没有换来预期的突破。这其中的部分原因要归于惯性：应用现有的试错方法，面对目前尚一知半解的复杂生物进程；现有科学研究缺乏合作；真正的定量方法还很匮乏。缺乏耐心也是部分原因：寻找被纳米技术强化的灵丹妙药与幸运的捷径以治疗疾病，忽视了关于生物学本身包含的复杂性尚未取得丰硕成果。幸运的是，我们正在吸取这些教训，也已经在加快步伐采取新的改进措施。在这一章中，我也会讨论纳米技术如何参与到多学科研究中，寻找新的方法应对抗生素耐药性，并与传统药物学研究结合，采用新的办法与细菌发生相互作用（这其中包含了物理方法，而不只是化学方法）。我还会给出简要的综述，探讨纳米技术及其分支怎样更好地发展，制备出纳米器件以感知身体中的化学物质，从而更接近这一目标：在需要的时间与位置释放药物，由此对化学失衡做出实时响应。

或许纳米技术可以对健康与医学产生的最吸引人的贡献之一，是与目前在免疫疗法（一种癌症治疗方法，可以激发身体的免疫系统对抗癌症）中所用的生物研究结合起来。这些共同的努力可能会让科学的步伐加速，调控并提高我们免疫系统的先天能力，从内部对疾病进行检测与对抗。在这一章中，我会预测科学融合如何能够引领一些计划，在未来创造出"超增强的人类免疫系统"。

在第4章，我将会尝试汇编出最有可能发生转变的科学领域之一：组织工程学。组织工程学是一门新兴学科，它不仅是一个能够修复乃至替换受损或染疾器官的领域，也是一个竞技场，基础生物学与医学会在此取得重大进展，实现以分子精度实时监控健康与疾病的目标。在一个很大的活体组织中研究所有相关的分子，是一项令人望而生畏的任务；然而，组织工程学可以构建人工组织或器官，这样就可以在受控的环境下对不同尺度下的相互作用进行测试。将身体部位制成"边操作边学习"的积木模型，甚至是在实验室中尝试将它们连接起来，这将会很有利于构建逐渐达到真实组织复杂度的数学模型。这一活动就指望数学模型与拟合了，而且可能会加入AI算法。

对人工组织持续监控的生物传感器，以及能够将数据和组织物理学进行整合的AI算法有所发展，也推动了对关键参数进行测量并监控从而用于创建组织的模型。最终，这将会带来技术的发展，一旦它们能够很好地在组织工程学的实验中建立，就可以将它们应用在体内。创建生物传感技术以及组织的数学模型，从而在微观生物学与宏观生物学之间建立分子上的联系，很有可能是对组织工程学和生物学的最重要贡献。组织工程学模型对于理解并模拟靶向药物输送也是非常有用的，而且它被寄予厚望——最终实现采用人类组织和器官的组织工程学模型替代药物的动物试验。

本书尝试去描述生物学与人类健康方面的学科融合推动的新兴科学，同时回顾这些科学是为何以及如何产生的。因此在每个章节里都会有很短的历史介绍，勾勒出抵达现有位置的路径。我希望这对我的目标有帮助：邀请读者回顾科学从何而来，为的是展望带我们从此时走向未来的路线。

创新材料的未来

我已经简要回顾过的很多科学，使得生物学与材料学之间的差别正在无可阻挡地变得模糊：一门新型的创新材料科学正处于它的萌芽状态。随着在纳米尺度上对物质的控制不断提升，还有对生物学的构建诀窍及其机制的知识越来越完善，受生物学启发的人工材料将会被构建成新型支架，用于组织与器官的重生或提升免疫系统的反应。与此并行，模拟生物的生物—无机杂化设备，将会被应用在新型计算机和电子设备中。随着生物学定量化，以及我们从数学与物理学中获得力量，利用控制它的法则去设计新的应用，我们将释放出巨大的创新能力——不只是在医学方面，也是在人类目前实现的大多数技术中，从能源到电子，从计算机到材料科学。通过利用物理学方法研究生物学，不断提升我们自身的能力，我们实际上将会提炼出宇宙的配方，从纳米尺度开始编织并组装出物质，并不断放大尺度，还会获得终极力量以革新人类的技术与医学。

预测医学以外各种科学融合（所谓的第四次工业革命）的后果，已经超出了本书的范围。不过，我已经在引言中提供了作为科学家的观点，陈述了未来当我们具有让一切物质（不管是生物物质还是非生物物质）像滚雪球一般增长的能力时，应当如何在希望与危机之间寻找方向。此外，我简要探究了材料学与生物学的融合对人类身份的影响（从我自己的科学家视角出发）。在我读了一些讲述第四次工业革命的书之后——这些年它们风靡全世界，我很难避免去思考这些书里（或多或少）无意间提起的额外风险，它们至少和技术对社会的影响一样强大：它们有可能释放对技术的恐惧，而且因此让科学创造出更公平社会的力量失去根基。很多的预言都是基于科学当下状态的次优知识做出的，而且更重要的是缺乏对科学家本身的理解——他们不断增长的职业天性与对社会的承诺，会形成民主联盟，为我们所有人的福祉带来积极又务实的转变。

21世纪，很多科学家都在兴致勃勃地找寻一些方法，以搭建平台或框架，与公众、执政者以及工业技术开发者合作，从而描绘出更美好、更多元也更稳定的未来。21世纪出现的很多有关技术的作品都忘了一件事，那就是科学家比任何人都要更理解他们所创造的知识会有多大的能量，他们也在越发努力地去协调社会与经济力量，以约束科学知识的发展与应用。在社会这台机器中，科学家是最基本的零件，可以将技术与公平性联系起来。虽说对纯粹知识的追求是我们当中很多人工作的驱动力，还有一些人是被更成功的事业所驱动，因为这可以带给他们奖项、地位还有财富，然而，真实的情况是大多数科学家需要承受在实验室里或计算机前长时间痛苦的工作，追求着一种更深层且智慧的激情，为提高所有人的生活水平而努力。[6]这种努力，实际上也是技术融合发生在医学中的主要原因之一：奉献给更优的健康生活，似乎是科学家提高全民福祉最直接的路径，至少我们希望如此。

这本书是我的一次尝试，生物学、物理学以及医学交叉的科学正在开启新的世界，我要试着将其带来的兴奋传递出来，还要与读者分享并思考：随着全人类的提升，从我们的实验室应用技术到共同创造一个更公平的未来，会产生怎样的机遇。就像我在第1章里介绍并在结语中进一步反思的那样，生物学（包括智力）与物理领域的结合，促成了一次深刻又有潜力的文化巨变，因为它把对生命的研究置于更广泛的可能语境之中：对于支配宇宙法则的研究。我将会揭示这种研究生命的新环境及其可能促成的人类进步。本书中最有力的信息是说明21世纪的生命也许不再被认为只是依据基因算法（或许可以为了某些人方便而进行修改）得到的生化产品，同时也是宇宙自身法则实现的产物，复杂而宏伟。这就意味着，随着物理学、工程学、计算机科学与材料科学与生物学进行融合，它们将会实实在在地有助于将科学技术和人类在文明之初就不断问自己的深刻问题重新连接起来，这些问题有：生命是什么？当我们能够操控甚至开发出我们自己的生物学时，作为人类又意味着什么？我们已经到达历史的一个关键节点，这些问题此刻正在自然而然地从科学实践中产生，并且无可避免地改变着科学与社会以及文化的关系。

我们正步入科学融合的历史时刻，阔步迈向未来之时，我们会感受到一种激励，让我们回顾过去，在带我们来到此刻的思想起源中寻找一些可以让我们向更远处进发的灵感。本书会试着唤起对一种新的智力框架的关注，而这种框架将会在科学融合中产生，科学家、工程师、艺术家以及思想家应当利用它创造对未来的描述与愿景，探讨未来我们作为一种技术物种如何应对自己的"中年危机"。这或许是源自实验室的生命的物理学最重要的作用：为共同建设保护地球上（人类）生命的路线做贡献。

第 1 章

最终，我们拥抱生物学的复杂性

显微技术从17世纪开始发展，人类得以发现生命的基本结构：一开始是生物细胞，随着分辨率逐渐提升观察到了细胞内部的构成，直到难以想象的分子复杂性在微观层面描述生命的特性。[1]在20世纪中叶，一些科学发现推动了在原子精度分析生物分子结构的方法。与此同时，基因和生物化学方面的进展，让人们更多地了解生命的构造分子蛋白质——了解它们的结构与化学活性，还有它们与DNA及其携带的基因信息之间的关系。这给了科学家信心来发展生物学的解释，他们试图理智地迂回解决它那令人望而却步的复杂性：活着的组织可以被解释成生化计算机运行的分子程序，是一种由基因编码的算法（或者说他们希望如此）。

　　在本章中，我将探讨21世纪的科学如何重新评估将生物学简化为分子与基因这一简单计划的完备性。生物学与医学面临的"拦路虎"，恰逢能够在纳米尺度成像并与生物分子发生作用的强大工具开始出现，这使得对上一代观点的质疑变得势在必行，也具备了可能性。仅仅知晓基因，在如今被认为并不足以解释生命，也无法应对医学的挑战。定量实验科学技术与对生物学的数学描述，共同促使科学家敢于下定决心拥抱生命的所有复杂性，演奏一场"基因、细胞、组织、身体和环境交织而成的交响乐"。[2]

超越个体分子观察生命的基本新方法，包括了研究单个分子功能的物理机制，以及它们在"活体"中的组装能够在不同的时间与空间尺度上表现出非常多样化的行为。这些新的观点，试图为纳米尺度（分子）、微米尺度（细胞）、组织与器官的毫米及厘米尺度、大型生命体的米尺度等，乃至整个行星尺寸的生态系统之间的科学与认知分歧，搭建起一座桥梁。

物理学已经试着去接受这样一个概念：当系统变得非常复杂时，它们会呈现出一些无法用"组成部分相互作用"去解释的特性，因为它们在更大尺度的结构与特性，会由更小尺度的共同行为涌现而成。生物学是最清晰的例子：如果不是这样，纳米尺度的结构件最终如何精确组装出有意识和社会性的物种？

找到理解生物复杂性及其涌现行为的关键特性，已经成为定量生物学的基本目标。生物的机械性就是这样一种特性。机械力学是物理学的一个分支，研究材料的运动、作用力以及机械性能（如弹性与黏性），而这些材料是简单或复杂结构运动的基础。在每一个尺度下感知、响应以及施加机械作用力与信号的能力，是生命一项非常重要的特性，这一点在20世纪几乎被完全忽视了。如今，机械力学已经来到生物学的聚光灯下，与它共同站在舞台上的还有另一个物理学特性：生物电。

在本章中，我总结了过去几十年来纳米科技、物理学与数学领域产生的新技术与新理念为生物研究带来的理性转变。如今，随着生物学逐渐吸收其他科学，而其他科学也在寻找新知识、新技术以及医学应用的过程中融为一体，一幅更丰富或许也更谦逊的蓝图正在被绘制出来。随着生物学融入物理学领域的一部分，新的定量科学知识将会被应用在药物工程学、材料科学甚至计算机科学中。在本章的最后，我提出新的"生命的物理学"让我们对"物质"的常规理解将要发生一场转变，从而知道如何去做才能实现技术上的飞跃。更重要的是，将生物学置于物理王国中，改变了科学文化。物理学激励我们将生命视为一个整体，而它是由更大的整体演变而来——由支配整个宇宙的相同规则孕育而成。

分层的宇宙，分层的生命

由蕾·伊姆斯和查尔斯·伊姆斯[3]在20世纪60年代制作的传奇短片《十的力量》，开场画面展现了从上空拍摄的1米（1米 = 10^0米）见方范围，一名男子与一名女子正在芝加哥附近的某处，坐在毯子上享用着他们的野餐。10秒之后，视角开始从毯子远离，其速度是每10秒就远离10倍：从1米（10^0米）见方的野餐地毯，到10米（10^1米）见方的伯纳姆公园；随后视角继续以此速度远离，可以看到整个芝加哥城市面貌（10^4米），再然后是整个地球、太阳系、我们所在的银河系……最后直到10^{24}米见方，那是宇宙中可见范围的一张快照。这部短片通过数量级让视角来了一场宇宙之旅，从而发现在视野中再添加一个"零"（也就是翻10倍）会有什么效应。这种视角效应的神奇之处在于，我们宇宙的物理实体穿越时间与空间尺度，分层的结构引起了我们对真实构造的反思。

在短片的第二部分，镜头又重新回到野餐毯上的男士，开始向下展现十的负向力量，从10^{-1}米（10厘米）开始，也就是男士的手背。随后，视角穿透他手上的皮肤，聚焦到所有分层结构中最复杂的部分——从生物学上说就是他的细胞，然后是亚细胞结构，最后是他的DNA。不过，我们不会就此停下。短片继续拉近镜头：到DNA中的其中一个碳原子，再到原子核，最后是质子中振动的夸克，它的尺寸只有10^{-16}米。

纵览生命的基本形态，这部短片也强调了一个发现，即生物被安排在分层的尺度中，就其结构的分层规律而言，与演化出生命的其他宇宙结构一样。不过从根本来说，生物在一个关键特征上也有区别：生命结构、变化与行为的复杂性，远远超过宇宙中迄今为止已知的任何聚集体。

大约40亿年[4]前，地球还是一颗年轻的行星，此时水中产生了一些纳米尺度的分子，它们发展出令人兴奋的复杂性与活跃性，与宇宙中那些死气沉沉的夸克、原子或星球所形成的简单秩序不同。也不知是何种缘故，早期纳米尺度的一些分子开始在盐水（或盐冰！）中振动。那是原始的RNA（核糖核酸）和蛋白质，它们变得能够利用它们散发到所处环境中的能量，由此变得更复杂或更有序，从而可以相互作用并发生自组装，形成更加复杂的形态与结构，最终具备了复制增殖的能力。[5]

早期的增殖分子能够生长或分裂，它们的出现也解锁了将生物物质与宇宙中其他物质区别开的关键属性：演化。演化是微调纳米分子构造部件的物理与化学属性的宇宙法则，可以创造出更精细的活性结构。宇宙的物理学确保了生物复杂性会在分子层面上自然而然地增加，而这些分子会向环境中散发能量；与此同时，演化会计算生命体的形态与活动，使其能够成功地适应环境。在这一语境中，我所说的"计算"是指生命内嵌了一种能力，可以对生命体进行"计算"，使其能够在复杂变幻的环境中生存（也就是求得生命的物理学"有效解"），而那些不能成功适应环境的生命体最终消失了（"生命方程式的无效解"）。

基于此，最早期的单细胞生物莫名其妙地演化出来：一开始是古菌和细菌，随后是更大的原生动物、藻类和真菌。单细胞生物持续改变着地球的表面和大气，它们一直在演化、竞争并合作，由此形成了多细胞生物，由组织与器官构成。在更高层级的复杂性上，微生物、动物和植物成为生态系统和社会的一部分。我们该如何借助定量的方法，理解这种很难应付的复杂性？

近距离对焦生物的复杂性：还原生物

当短片《十的力量》倒着播放从而带着我们从微观视角看

宇宙时，我们会观察到星系的图案消散，变成恒星与行星的简单运动。而当我们继续拉近视角，透过人类的皮肤直至细胞，生命也会被解构成DNA、蛋白质和其他生物分子进行着物理与化学的相互作用。最终，化学的复杂性会坍缩成具有量子力学特征的原子形成的神秘几何构造。镜头拉近到宇宙中越来越小的尺度，会给我们带来一种感觉，那就是如果我们能够知道构造模块的运行方式，并且能够熟练地计算它们之间的相互作用，我们就可以算出整体的功能。这种推理的方式就是为人熟知的还原论："整体可以通过部分的相互作用进行解释。"[6]这是现如今在大多数科学研究中还普遍存在的一种观点，尤其是在生物学领域。

在生物学中会这样，至少有一部分原因是，科学的发展史和促使科学可能出现的工具是平行的。知识必须等待技术的发展，从而得以研究生物学中每一个连续的尺度。据我们所知，宇宙（实际上是演化）向我们的眼睛隐藏了让人类可能出现的关键尺度：纳米尺度。

演化并没有给人类带来可以看到纳米尺度的视觉，却给了我们不屈不挠的驱动力发明出仪器，通过对其更深入的观察，寻找对于我们所处环境更多的理解。对生物而言，"拉近视角"起始于17世纪时光学显微镜的发明，[7]这让科学家能够观察到植物与动物由几十微米尺寸（通常如此）的单元构成，罗伯特·胡克将这些单元称为"细胞"。[8]

通过更近距离的观察找出细胞的构成，这一进程非常缓慢，因为下一个与此相关的尺寸真的非常之小：纳米。最终，在19

世纪上半叶，化学家揭示了生命中纳米尺度构造模块的存在：蛋白质。[9]到1900年，蛋白质由更小单元构成的概念已经被接受。这种单元被称之为氨基酸，并且构成蛋白质的所有20种必需氨基酸都已经被识别。此后不久，X射线被发现，还有能够产生射线的必要技术，让人类有可能制造出已知最强大的结构分析工具之一：X射线衍射。

X射线的波长非常短，因此它可以被原子衍射，形成三维图案（例如，氯化钠，也就是食盐这样自然形成的晶体）。通过对晶体衍射出的有序图案进行数学分析，有可能绘制出晶体内原子的排列方式。X射线可以揭示出物质原子结构的这种能力，革新了我们对于无生命材料的理解，以及对那些生物物质的及时理解。

对生物分子的X射线衍射图案进行分析非常具有挑战性，因为它们具有复杂的几何构造。此外，这一技术首先需要分子排列成很完美的三维结构（例如晶体），但是生物分子并不会轻易地"委屈"自己整齐排列。事实上，制备出生物分子的晶体，是现代科学中最不容易做好的实验之一，涉及很多有内在关联的变量——很难进行单独优化。不管怎么说，在20世纪中叶，科学家还是利用他们的X射线衍射仪，提取到了第一幅生物分子的结构图，在那之后，数千种蛋白质和其他一些生物分子都被成功地制成晶体，并由X射线进行分析，这要感谢全世界范围内功能越来越强大的X射线同步加速器装置。

在20世纪50年代，化学领域的新技术、光学显微镜以及X射线衍射技术共同发挥了强大的作用，让人们越发意识到生命的巨大复杂性。数以百万计的分子错综复杂地组织起来，被塞入细胞之中：蛋白质、脂肪、糖、核酸（DNA与RNA）、离子和水。这些分子的协同作用，以及它们对于细胞器与细胞区室的组装，几乎难以通过智力去想象，当然也就超过当时任何严格定量分析的能力了。

不过，科学家毫不气馁，开始识别、分类并绘制出细胞纳米组件的结构与相互作用，于是分子细胞生物学领域诞生了。与此同时，随着基因遗传基础图谱的确立，最初一批基因科学家的工作也展开了，到了20世纪50年代早期，他们后续的科学发现表明DNA是携带这些基因的分子。

发现DNA的结构是一个开拓性的时刻。1953年，剑桥大学的詹姆斯·沃森和弗朗西斯·克里克，借助X射线衍射实验的数据，还有伦敦国王学院的罗莎琳德·富兰克林及其学生雷蒙德·戈斯林与莫里斯·威尔金斯进行的分析，完成了这一发现。DNA结构如何被发现的完整故事早已被揭示，并且成为现代科学中最著名的性别政治戏剧性事件之一，而它的余波似乎永远不会停止。[10]DNA分子"扭曲之梯"结构的视觉形象，还有它的四个密码子——腺嘌呤、胞嘧啶、鸟嘌呤与胸腺嘧啶（简写为A、C、G、T）——作为双螺旋结构的"横档"，成为该结构研究的顶峰，赋予基因物理学的实体。

然而，这一伟大的发现也带来了一个危险的诱惑。认为所有生物的复杂性都可以用某种方式绕开，这种观点几乎在双螺旋结构第一次被画出来之后就立即出现了。或许DNA用A、C、G、T单元编码出来的信息就可以解释所有问题。当然，此前不久克里克就对这一观点的美妙着迷不已，并宣称了新生物学的"中心法则"（他的原话），用他的表述总结就是："DNA制造了RNA，而RNA制造了蛋白质"。蛋白质则共同制造了其他物质。在这种描述中，四个字母的基因密码表被所有活体生命应用，每三个字母排列成特定编码，对应着20种氨基酸，而这些氨基酸以精确的顺序连锁排列形成长链，再以特定的方式折叠，形成有活性的蛋白质。这种想象大体上是正确的，[11]但是它省略了细胞在其存活以及进行增殖活动时如何利用其DNA的所有细节，还有细胞在什么时间、以何种方式、因何读取并编译这些编码。这一法则以它最简单的形式成为生物学的解释：生命可以被还原成它的构造模块，而生物可以归结为一种生化算法。这一简单的解释又催生了一个观点，认为每一种蛋白质都对应着特定的基因，存在一种从基因到生命的单向信息流，而生物就是具有确定性的程序，基于基因蓝图构建而成。[12]很多人从这一法则中得到了更简单的结论：读取基因中ACGT字母表的顺序，你就会知道所有你想知道的事情，从而得以对生命做出解释。上帝将所有生命的秘密以分子编码的形式"加密"，并巧妙地将它们置于细胞核中，让我们能够发现并阅读。真是太好了！或许是这样吧。

更有吸引力的地方在于，这一法则提供了一个解释演化论的观点，令人拍案称绝：演化会缓慢并逐步地进行，通过基因内部精细的改变产生新的基因变化（突变，指一种核酸被另一种核酸随机取代，从而在编译成蛋白质时形成一种不同的氨基酸序列）。由此得到的生命体会被"适者生存"的法则选择或淘汰。

就像理查德·道金斯明确指出的那样，生命体是一台"生存机器"，它的角色就是在一个敌对的环境中竞争、存活并性交，以传播"自私的基因"。

最后，同样重要的一点是，这一法则为医学干预建议了一条非常直接也很有吸引力的路线：找到与每一种疾病有干系的基因，然后修饰并控制你的劣质基因，这样你就能够在你体内修复任何事情，疾病……或许不会再出现。我很肯定读者知晓这些观点，因为它们在主流媒体中依然流行，并且它们很好地与某些政治或经济机构契合，而这些机构为了占据主导地位已经努力了几十年甚至几个世纪。不过，我们也应该看到，生物学远比此神奇得多，也复杂得多。

拉远镜头：解释由复杂性形成的生物学行为

从17世纪后期开始，科学所做的大部分工作都集中在将复杂的系统打碎成更小、更简单的部分。随着一些技术互补发展，在越来越小的尺度对物质与自然现象进行剖析与检测，这一工作进程又得以加强。对很多人而言，科学大概就是这样：有代表性的科学家，通常是穿着白大褂透过显微镜观察的形象。

然而发现物质由什么构成，不过是我们与自然界关系的一个方面。人类一直在努力调和我们宇宙环境中那些看起来矛盾的特性：一方面，我们生活在一个明显很混乱的世界中，尝试从中找出更简单的组织规则；另一方面，我们经常会被复杂性淹没。

这种二元性在我们的灵魂、思想还有社会中交织。复杂性与简单性之间的张力，横亘在人类创造力的中心，存在于艺术之中，也存在于我们创造技术（包括计算机）的先天冲动之中，这些技术被我们用来重塑并探索世界。人类的技术力量精确地驻留在给现实创造简化模型的能力上，这可以被翻译成"工具"。我认为，正是这种通过技术改造自然的能力，造成了一种全能的错觉，诱导我们用纯粹的还原主义术语去解释这个世界与我们自己。过去数个世纪以来，技术进程经常让我们把世界和我们主宰世界的企图混为一谈。

我们的技术能力诱使我们放弃了复杂性与简单性之间的必要张力，而这种张力支撑了宇宙的运行，也邀请我们拥抱一个更舒适但也更匠意的场景，它由更简单的规则与形态构成。

很多根据生物学里"中心法则"衍生而来的解释与假说，都遵循了这种思考模式："生命由纳米尺度的构造模块（蛋白质）根据DNA的指令组装而成。"还原论者在面对惊人的复杂性时由此获得安慰。

但是我们如何能找到恰当的平衡？我将会从科学以外找个例子。包豪斯运动①在现代世界的建筑及设计美学中占据主导地

———————————

① 1919年，德国建筑师沃尔特·格罗皮马斯创立了包豪斯设计学校，它成为世界上第一所从事设计教育的专职高等院校，是现代设计艺术的发祥地。因纳粹政权兴起，包豪斯大学仅存在了短短14年，随着魏玛共和国的结束而被迫关闭。德语中的"包豪斯"（Bauhaus）意为"房屋之家"，因此包豪斯大学创建之初，格罗皮乌斯的理念是"创造出建筑、雕刻、绘画结合的艺术殿堂"，这一宣言后来也成为包豪斯主义的主要理念。1996年，包豪斯大学位于德国德绍的校舍入选联合国教科文组织评定的世界文化遗产。——译者注

位（想一想宜家和苹果手机），它的诞生在一定程度上是为了缓解德国在两次世界大战之间的经济与社会复杂性。为了寻找简单又实用的模型与材料，同时让我们的生活变得更加安稳与舒适，包豪斯的先驱们努力寻求简单性与复杂性、工艺与技术、科学与自然之间有意义的共存。这一特殊时期技术力量、破坏与贫穷和战争带来的混乱如梦魇一般，他们让艺术、设计以及建筑领域互相交织，努力地开辟出生存之道。

包豪斯运动并没有能够持续很久（尽管它的实践者继续在全世界传播它的影响力，并且在100多年后的今天它仍然无处不在）。这所学院是在纳粹政权的压力下关闭的，而纳粹能够非常有效地力求采取"不同的策略"处理社会与经济的复杂性。历史一次又一次地教育了我们，放弃现实中复杂的特性只能获得暂时的舒适感，人工制造的简单性往好了说不过是走向停滞，往坏了说就是自我灭亡。自然从不会让我们把法则凌驾于其之上太久，不管我们的意愿如何（就像如今全球变暖危机警告我们的那样）。

简单性似乎是一些必要的脚手架，让我们能够完整地拥抱我们感知到的奇妙现实。在生命科学中，基因是关键，但仅仅靠它永远不能满足我们对知识的渴望，亦不能满足我们在技术和医学上的雄心。在现实与实践中，仅仅从基因与蛋白质的关系出发，有些过程就难以被解释，比如：细菌感染、大脑中的电波、鱼群的运动，或是人类的艺术精神。

然而，我们决不能放弃我们从现实中发现其简单成分并找到简单规则的本能。相反，我们要努力将这些成分置于宇宙的完整图谱中。当然，这一图谱中也囊括了它们的相互作用与表现的复杂性。

通过优先考虑还原论，我们已经创造了奇迹，诸如DNA的发现、生命的纳米尺度机制和希格斯玻色子此类。如今，是时候（再次）将注意力更多地放在我们感知、凭直觉知道、测算并理解复杂性的能力上了。这一点，最终会是21世纪科学与技术在生物研究中交汇的原因。如果我们不去拥抱我们自身生物学的复杂性，技术与医学的发展就会停滞。当我们这么做时所获得的教训，还有我试着从本书中总结的教训，都是极其深刻的：自然与历史正在邀请我们用一种更深刻的方式去和世界进行交流与相互作用，由此拓展人类和宇宙进行更有效连接的能力。

还原论教会我们，制造出能够分离物质中单一成分的仪器非常困难（想象一下欧洲核子研究中心的大型强子对撞机这个极端案例吧），部分原因是宇宙中的物质与它的环境紧密相连。因此，单纯的还原主义理论无法对现实给出令人满意的解释，这也就不足为奇了。宇宙利用物质、能量和作用力制造出结构化的物质，其整体行为与更小层面上的分体行为的综合并不相同，而是杂糅并融合了各组分与环境的特性；或者就像科学对此做出的冷淡表述，复杂系统的行为"涌现"了。

我们再回到短片《十的力量》（它的创作者被包豪斯深刻影响了），这一次我们拉远距离，看一看宇宙的模样。在这里，单一的构造模块在经过复杂的相互作用后形成一些图案，涌现现象变得更为显著。比如说，数十亿颗恒星与行星相互作用，形成星系旋涡，接着又聚集成星系团和巨洞。拉远距离，我们不得不理解复杂与简单的宇宙阴阳二元性，熟悉的秩序出现在从近处看一如混沌的地方：强烈的结构涨落，不可预测的运动（"动态"），以及空间与时间的多重尺度——这些经常被归结为结构与行为的涌现。对于宇宙创造出涌现行为的能力，生物学是最令人陶醉的证据：形状生长得足够复杂，为它们的结构赋予感知、响应、改造乃至理解它们赖以生存的世界的能力，因而足以演化出"生存"的天赋。细胞的命运最终是由它跨越时间和空间尺度与环境进行的亲密纠缠所决定的；生命交织了结构、感知、智能、适应与演化。从复杂性中涌现，如今已成为一个研究领域，聚焦于具有"孤立分析单一的组成部分并不能解释其整体行为"这种特征的系统——这使得传统的还原主义方法在科学上变得无足轻重。

科学界总是在推迟处理"复杂性"的问题，直到他们再也无法回避。物理学将20世纪早期的几十年都花在还原论的问题上，试着去理解单一的原子。这种将物质打碎成更小部分的本能，或许给了我们在原子尺度对于宇宙运行最美丽且神秘的解释之一：量子力学。然而，从量子理论的深处，物理学家再一次超越了极端的还原主义，恢复了人类凭直觉感知扩展、层次与整体的潜在能力。量子物理学家通过实验与自然进行相互作用，他们开始创造现实的物理学理论和数学模型，用以在更小的尺度上从复杂性中捕捉到由简单行为形成的涌现。

物理学对于"集体效应"的严肃思考推迟了将近300年，不过最终在20世纪下半叶还是遇到了它们，并试图解释固态材料中观察到的涌现现象。普通磁体的磁性来自原子内部电子自旋磁矩的自发集体取向排列，与此类似，超导性与超流体是在温度接近绝对零度（约−273℃）时，由电子与原子的协同相对流动涌现的。在这些案例中，要观察到系统中每一个电子的位置以理解这一现象，既不可能，也无意义。相反，物理学理论基于普遍的物理学原则，结合定量实验对理论进行检验，最终能够传递单一电子行为与总体共同现象（比如磁性）之间的联系，而且没有观察任何一个特定电子的自旋。

生物复杂性亦是如此，它的行为和表现在大多数时候都不能确定单一的明确原因。生命体中有太多活性成分，它们之间有太多反馈回路，在构造模块的相互作用中寻找原因很少会有科学意义。正如读者所见，涌现现象对于医学与治疗干预也产生了很大的影响：要治疗一种疾病，找到一个单一的分子目标（大多数药物学与生化研究的目标）是否总能奏效？另外，即便那个单一的分子目标存在，作用到它的最佳办法又是什么？

生物学不能用基因还原论的方法解释，这一总结性的论据来自一个本来期望证明相反结论的大项目。在人类基因组计划中，来自6个国家的科学家合作超过10年的时间，识别出全长两米多的人类DNA碱基序列。这一计划的预期结果是，为智人物种的每一种蛋白质都识别出一个基因——这是中心法则最粗糙的解释。基因的数目预估会超过10万，被广泛宣传的精确预测数目是142 634。

初步结果被刻意安排在2001年2月12日，也就是查尔斯·达尔文的生日那天发布。结果很让人吃惊：人类只有大约21 000个基因，只比毫不起眼的秀丽隐杆线虫多一点点（这一物种仅有959个细胞，却拥有超过19 000个基因）。在包含我们基因组的DNA两米长链中，只有8%~15%被基因占据，这部分基因也是可以为蛋白质编码的序列。

人类的复杂性终究不能用中心法则最简单的还原论方法生成。人类基因组计划证明，为了从20 000个基因的编码信息里形成超过100 000种蛋白质，DNA编码必须通过某种方式被操纵，并具备多重目的；细胞必须挑选、切割并粘贴基因的片段，以响应它与环境的相互作用。我们现在知道这是如何发生的。单个的基因是由编码片段（外显子）和非编码片段（内含子）构成的，而组装蛋白质的指令是在移除了内含子后由外显子拼装而成的（这一过程在DNA转录到RNA期间发生）。如果一些外显子被忽略，或者用不同的顺序排列，那么同一个基因可以形成好几种蛋白质。至关重要的是，实现这一结果的方法一定与很多非遗传（表观遗传）因素相关联，其中包括插入基因DNA的分子标记，还有基因组内信息的排列方式，以及细胞核内DNA的结构与物理形态。

人类基因组计划的结果迫使我们放弃基于DNA线性编码的过度简化的生命模型，并通过让我们思考一种可能性——复杂排列的生物分子具有计算生存方案的能力，邀请我们进入一个更加包罗万象的场景。让我们试着想象一下，细胞如何利用DNA编码的信息，对环境中产生的信号做出反应。两米长的DNA被限制在很小（5微米）的细胞核中，需要能够像某种"活着的计算机"那样工作，它根据当前的条件或挑战调节细胞的性能，从而对细胞内其他部分发出的化学与物理信息做出响应。这需要利用DNA片段中储存的信息来实现，而这些片段被战略性地动态放置，以对传来的信号做出反应。解决方案会在一定程度上包括对特定蛋白质的表达，这些蛋白质能够促进特定的细胞"行为"（例如分化或迁移），以提升细胞的存活能力。

总的来说，演化创造了一些生物分子，它们能够在其结构的多层次复杂性中对解读并识别环境的能力进行编码，并通过计算最优化的生存策略对环境做出响应。随后，生物结构自身扮演了算法的角色，能够实时学习、适应并演化。通过这一方法，生命利用宇宙法则所创造的复杂计算能力，涌现出秩序和宏观行为。这包括了信息与能量的传递，以及一些结构的形成与重组，这些结构有序又复杂地互相连接（由物理学家所说的"非平衡热力学"驱动，最初由埃尔温·薛定谔于1944年发表的极有影响力的著作《生命是什么》中提出）。比起一串死板而"自私"的DNA编码，这种解释更加合理，也更具吸引力，而且指出了"智能"本身的物理学起源。它还暗示了，生命如何在分子结构的动态重组中，通过感知与计算的结合调和复杂性与简单性。

在人类基因组计划之后，细胞的涌现生物学进入了人们的视野，我们被迫从生物分子的还原论中走出来。细胞也可以感知非分子的线索（比如机械信号、电信号和振动），或是根据环境的温度或化学条件做出改变，还能利用DNA对这些线索做出响应——既可以是基因方式的响应，也可以是非基因方式的。比如说，细胞表面强烈的拉拽作用力可以一直传递到细胞核中并使其变形，一般来说这会引起细胞核内DNA的机械重组，也许最终结果是增加特定蛋白质的表达或抑制。细胞核的形态、力学特性和它与细胞其他组件之间的联系，以及细胞核内DNA的重组，此时都成为细胞中活性计算能力的一部分。更深入地说，从细胞外部与基因组互相作用的新方法应当被纳入生物学研究，并发展出有效的医学治疗方案。

生命从异常复杂的集体效应中涌现而成，对这一观点的接受深刻地影响了我们研究并理解生命的方式。首先，我们可以更愉快，也更有信心地放弃一个有害的观点，那就是我们性格和生理复杂性的每个方面，都可以被归因于特定的基因。正如大部分人已知的那样，我们的命运并没有写在我们的基因里。

这个更广泛的观点也在医学领域产生了深远的影响，同时它意味着，生物技术公司急于为基因申请专利以期望保护其商业权利的做法是没有根据的，这让人感到庆幸。修复变异的基因并不会治好人类的所有疾病。尽管有些疾病可以被归因为特定缺陷基因的表达或静默，但是这一假定并不能推广到一般的疾病或性状。举个例子，人类的耳垂要么附着在耳朵上，要么悬挂在耳朵底部，这一特定的倾向曾经在教科书上作为单一基因控制性状的案例广为流传。然而，近来的研究提出了更细节的证据，表明实际上有数百种基因影响了这一显然并不是很重要的人类特征。[13]

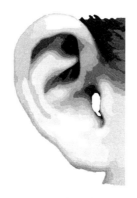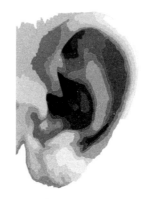

连生耳垂　　　　　　　离生耳垂

图1.1　你有离生耳垂，还是连生耳垂？尽管这曾经在教科书上作为单个基因控制性状的案例而广泛流传，但是近来的研究已经证明，实际上有数百个基因真正地影响了这一并不重要的特征

这不只是耳垂的问题。身高的决定因素，以及精神分裂症、类风湿性关节炎和克罗恩病①的风险与发展，都呈现这一特征，即基因组的所有基因都可能发挥了作用。一种新的"全基因"（omnigenic）模型现在被提出来，假定那些复杂的性状与疾病可能被所有活跃的基因所调控。[14]

这提出一个问题：是只要找到那些与一个生物过程有关的基因，还是构建最合理的方式去解释它？证据似乎指向了更大的组织与功能原则，这些原则指导并囊括了基因的表达，因为"细

---

① 克罗恩病是一种较为常见的炎症性肠道疾病，1932年由一位名为克罗恩的医生提出并因此命名，但是长期以来对于其发病原因的研究仍然不够清晰，因此克罗恩病成为一种难以治疗的疾病，患者人数持续增加。目前，普遍的看法认为，克罗恩病是由多种基因控制的一种遗传疾病。——译者注

胞中的所有事物都是相连的"。[15]

最近的研究还表明，我们身体中的细胞在基因上并不一致。我们的身体像是某种基因的杂牌军。人们普遍相信，我们的细胞中都包含一份DNA的复制品。但与此不同，自从我们作为受精卵寄居在母亲子宫里开始生命之旅，突变、复制错误、编辑错误就已经在胚胎细胞最初的分裂中开始了。当我们生长为成年人时，细胞中的DNA已经分布着很多错误：缺失、重组、信息重复，甚至是整条染色体的缺失。大多数研究都假设这些异常的DNA会导致疾病，但是情况正在慢慢改变：基因的多样化似乎是有用的，比如说，肝脏在被癌症、肝炎或感染损害时，具有自我再生的能力。肝脏细胞的基因多样化，也许可以赋予它们不同的生存能力，在受损之后重生组织；如果是单一的细胞，就可能会被某种特别强效的感染完全损害。基因多样性也许会成为一个关键，创造出更具复原性的细胞群体。人们在大脑中发现了一定程度的基因可变性，尽管结果还很初级，也存在争议，一些科学家还是推测，这种基因可变性也许某种程度上和人类的个性与适应性有关，也和我们根据生活的环境进行调整的能力有关。大脑的基因多样性"引人瞩目，因为它反映了人性的真理，即我们的脆弱性与我们的适应性都是绑定在一起的，就像硬币的两面"。[16]

2018年，科学家尝试解读出，在酵母菌保持存活时，哪些基因的相互作用是必要的。酵母菌是一种单细胞生物，日常生活中它们出现在面包和啤酒的加工过程中，但是在实验室，它们也是真核生物的模型系统。科学家展开了数十万次实验，每次切掉酵母菌基因组的三条基因。最终结果显示，几乎所有的基因效应实质上都是相互连接的，而且切除单个基因几乎总是会对酵母菌细胞的健康或存活带来影响。看起来，对于酵母菌的生存而言，没有所谓的必要基因，因为它需要几乎所有的基因才能存活。这一研究对于未来人类基因干预过程中的基因编辑也产生了深远的影响。[17]

21世纪，除了信奉生命就是"基因、细胞、器官、有机体和环境相互作用的交响乐"，科学已经没有其他在理性上可行的路线。[18]在下一节里，我会展示生物学研究中纳米技术的部署与物理学家及数学家的参与正在如何为这一发展方向做出贡献。

利用纳米技术工具研究生物

值得讨论的是，还原论的假说让很多生物学科研群体感到很舒适，原因之一在于，他们主要的工具——X射线衍射仪事实上需要分子（DNA片段与蛋白质）被重整为晶体结构序列，这样才能将X射线的辐射衍射成对比度足够清晰的图案，使之能够用于数学分析。试图让生物分子结晶是一项艰巨得超出想象的任务，也许需要花上几十年的工夫才能完成一个特定分子的结晶，而且会将其处理成那种块状的人工材料，在干燥并且非生物条件的衍射仪下进行研究。对于蛋白质晶体学领域那些不缺话语权与基金的科学家而言，蛋白质和其他生物分子变成了从生物体中移除的无活性晶体。这也就难怪还原论会变成现在这样了。

纳米技术科学的诞生，带来了能够在纳米尺度上直接对物质进行可视化与相互作用的工具，不再需要结晶或X射线。这一进程发生在20世纪80年代，一种划时代的工具终于成了现实：STM（扫描隧道显微镜）诞生了。无比天才的STM发明者，通过纳米结构的相互作用，制作出了一种可以绕过常规光学显微镜局限性的显微镜，甚至可以用一种非常锋利（只有一个原子厚度！）的针尖去和单个的原子发生相互作用。采取严格控制的方法，用针尖对样品进行扫描，并映射出针尖与样品表面发生的原位相互作用，以原子精度描画样品表面的图像便成形了。利用STM，单个的原子（后来还有它们内部的电子）最终变得"可见"，或者更准确地说，变得可感知了。

不过，除了使用一种相对简单又便宜的工具实现前所未有的精确成像外，STM还具有一项全新的能力：它能够一个一个地拾取并排列原子（见图1.2）。对于我在这里所讲故事尤为重要的一点在于，STM可以绘制出由原子间复杂相互作用产生的集体现象（比如电子在"量子围栏"内部形成的驻波现象，参见图1.2的第四幅小图）。

这一图像不只是第一次从原理上证明了人类有能力操纵物质的基本构成单元，或许更为重要的是，它将单原子构造的还原主义与电子集体运动涌现复杂现象的可视化融为一体了。借助STM，人类与物质的互动开启了一个完全不同的层面。

STM不太容易应用在生物环境中，因为它需要在针尖与浸

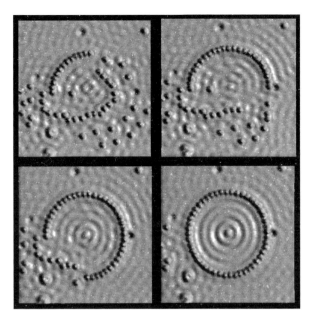

图1.2 铜表面（那些光滑的隆起是以晶体结构排列的铜原子）上铁原子（那些小球）的STM图像。STM针尖被用来将铁原子一个一个地重新排列成圆圈。这从原理上证明了人类能够以原子精度构建目标。当原子圆圈完成后，铜原子中电子的共同运动形成了一些同心圆的驻波，展现了原子物质的量子世界里，由共同效应形成的最美形象之一：电子波被限制在一个"量子围栏"里

图片来源：这些图片由位于美国加州圣琼斯阿塞的IBM（国际商业机器公司）阿尔马登研究中心的唐·艾格勒于1991年拍摄（图片最初由IBM公司制作）

没在液体中的样品之间施加电压，很多时候都无法实践（针尖的电压会造成化学反应，这很难避免或控制）。不过，STM的一个近亲——AFM（原子力显微镜）可以轻松地被用于绘制单个蛋白质、单个DNA分子、整个细胞或细胞组成部分的图像。更重要的是，AFM的锋利针尖可以被插入生物液中，因此研究者能

够通过控制针尖与样品之间的作用力，在几十个皮牛顿①的精度范围内给生物表面绘制图像。

AFM能够以亚纳米尺度的精度绘制出生物分子的表面图像，而且更为重要的是，它可以被用于选择性地操控样品。在插图1中，我展示了一张在我实验室里拍摄的DNA图像，显示了双螺旋结构的细节。AFM的使用者不仅可以将单个原子及其结构细节可视化，还可以用这种装置推动或拉拽分子，或对它们喷射电子，又或是推着它们与其他分子接触（用于测量关键参数从而构建其功能的数学模型）。

像AFM和STM这样的纳米技术工具，将宏观世界与微观世界用一种直接的方式连接起来。实际上，纳米工具给人类创造了一种可以操控它们的新感受，因为我们能够利用它们感知微观世界的化学和物理特性，而这个世界充满了具有纳米层级感知能力的生物细胞和生物分子——就像蛋白质那样。

借助纳米科技的新工具，生物学向物理学领域更靠近了一步，因为关于生物的基本定量问题如今可以被提出来了：为什么纳米尺度对于生命分子的涌现现象如此重要？蛋白质如何利用水和离子还有温度实现功能？它们的共同作用如何涌现出细胞行为？

---

① 皮牛顿（pN），表示作用力的一种量纲，与常见量纲牛顿之间的换算公式为 $1\ pN = 10^{-12}N$。1牛顿大致相当于在地球的海平面高度一只手托举一颗苹果所需要用的力；1皮牛顿代表着非常微小的力，大约相当于溶液中生物分子被温水分子撞击时的"感觉"。

关于利用AFM在分子水平上理解生命，这里有一个美妙的案例：研究无处不在的肌球蛋白是如何工作的。

观察进行纳米尺度行走的蛋白质

肌球蛋白是一种蛋白质，以不同的形态和变种出现在我们身体的所有细胞中。它们是我们的肌肉收缩动作背后的纳米机械；在听力方面，它们负责内耳的关键过程。肌球蛋白还负责搬运细胞周围的物料，在活化细胞骨架上一些由肌动蛋白构成的纤丝时，它也会有所帮助——进而帮助实现关键进程（如细胞分裂和细胞蠕动）中的细胞收缩。如果一项生物进程需要细胞收缩，那么它很可能会涉及肌球蛋白。几乎所有真核生物（包括动物和植物）的细胞中都包含肌球蛋白。

肌球蛋白会用一种令人称奇的方式完成它们的工作：它们可以在肌动蛋白的分子轨道上"行走"。肌球蛋白通常是拉长的分子造型，有两个"头"、一个"脖子"和一条"尾巴"。头部也部分扮演了"脚"的角色，可以将其绑定在肌动蛋白的轨道上并沿轨道"迈步"。头部产生的作用力会通过脖子传递，脖子的作用就像杠杆，而尾部则附着在物料上（肌球蛋白会在行走时携带物料）。这些蛋白质如何实现这一非凡的行动？首先，肌球蛋白需要能量；其次，它们需要用一种聪明的方法前行。

像肌球蛋白这样的蛋白质，有两种基本的方法获取能量。其一，是获取细胞的热能。我们感受到并进行测量的"温度"，在分子层面上其实意味着"运动"。当温度高于绝对零度时，分子和原子会运动；温度越高，分子的运动就会越快。我们的身体对待温度非常谨慎，因为我们的生物分子构造模块会在恒定的温度下实现最佳工作状态，大约是在37摄氏度附近。在这一温度下，水分子（非常之小——它们仅由三个原子构成）可以运动得非常之快（大约600米每秒！）。在水中，像肌球蛋白这样的蛋白质会持续被水分子撞击，尽管它比水分子大了几个数量级，但它仍然会记录下这些撞击。事实上，蛋白质会受到水分子撞击（也被称为布朗运动或热运动）所产生的持续摆动的影响。肌球蛋白分子的机械设计是它可以利用这种能量，并指挥这种摇摆运动带来的扰动，以驱使"换手"动作进行——牵引的头部发生解离并向前移动重新附着到轨道上。（这有一点像涡轮的结构设计，可以让涡轮在风或水通过时发生旋转。）[19]

尽管对于肌球蛋白迈步向前而言，看起来有热能已经足够了，但是肌球蛋白还玩了另外一套把戏：它的头部可以结合ATP（腺苷三磷酸，是可以作为能量货币的生物分子）以加速移动，所以在操作时也能很好地掌控化学反应。当ATP结合到肌球蛋白头部的特殊结合位点时，它会释放一个磷酸分子，还有大约10^{-19}焦耳的能量。结合后的分子利用这些能量，使牵引的头部从轨道上脱离；一旦脱离成功，新的主导头部会向前摇摆，同时实现迈步向前的结果。

对肌球蛋白分子的研究起始于20世纪60年代，但是只有到了纳米技术出现以后，能够直接定位单个的原子，探测到单个肌球蛋白分子的运动机理才成为可能。在20世纪90年代，光镊（一种能够在激光控制之下于两个微珠之间钳制肌动蛋白轨道两端的技术）被用于研究单个肌球蛋白在沿着轨道跨越时施加的作用力。数百名研究者经过数年的努力，才描绘出我刚刚大致解释过的那幅场景。

高速AFM的出现，极大地促进了对于这种"线性分子马达"的细节研究，因为通过它可以直接观察到温热盐水中分子的迈步运动。2010年，肌球蛋白分子在肌动蛋白轨道上行走的视频第一次被发布。[20]在插图2中，我将它们行走动作中那些令人咂舌的细节再现出来。这些微小的分子居然可以做出这样的动作，这实在太匪夷所思了。我邀请各位读者欣赏一些可在网络播放的高速AFM视频，并仔细思考这些令人着迷的纳米分子运动，它们支撑了很多我们与外部世界的相互作用，包括我们自己的行走动作。

这些实验揭示出，分子的生物学远比它们的化学更丰富。生物分子功能的关键（还有生命涌现的关键）在于，在纳米层面上，结构（机械和静电设计）与温度、水、离子还有化学反应的相互作用，可以形成确切的运动。在纳米层面上，物理和化学相遇了，并且共同将活性进程的效率最大化；机械与运动是生物活性的基础。

肌球蛋白的视频曼妙地证明了纳米技术工具在跨越时间与空间尺度并形成定量数据方面的能力，对于开发模型以解释乃至预测生物分子行为而言非常必要。过去30年来进行的生物物理学细化研究已经被纳入越来越复杂的数学模型与对肌球蛋白的模拟中，包括它的机械设计与静电学信息。

类似的模型与实验已经在对其他重要的分子马达的研究中进行，比如ATP合成酶。这是一种具有旋转马达功能的酶，能够利用机械旋转催化化学反应，从而产生"能量货币"ATP。我通过研究细菌视紫红质原型膜蛋白的力学与运动，对该领域有所贡献。

调查多尺度的细胞行为

物理实验室诞生的新工具，让科学家不仅能够调查单个的生物分子，也能够研究相关的分子运动如何让分子特性涌现出来，从而让细胞能够在其他尺度察觉、适应并改变它们的环境。

光学显微镜的发展（所谓的超高分辨率显微镜），使得在活着的细胞内部识别单一分子及其运动变得可能。高速光学显微镜（特别是先进的光片照明显微镜）给我们展示了细胞及其结构共同运动时那些令人炫目的细节，比如说在胚胎发育期间，甚至是在活着的生命体内部。除了展现出细节与动态的变化，有些显微镜（比如拉曼显微镜或红外光谱显微镜）与AFM还能进行化学识别，并提供细胞与组织的机械与电学特性信息。

除了用功能强大的显微镜观察生物，调查细胞的新方法还在近些年融入了一个独特的领域。为了研究细胞在不同尺度与环境相互作用的复杂方式，生物物理学家从纳米技术中学到，如何利用微米级与纳米级模板中展现的物理和化学特性搭建结构。这些研究者通过改变模板的组成与结构，观察细胞如何附着并与其相互作用，从而阐明细胞用来感知、修改并适应所处环境的机制。这就类似于利用巧妙模板化的纳米特性制造出"软玩具"，并将它们交给细胞去"把玩"，然后观察这一游戏，以洞察细胞的功能——这是一种"定量细胞心理学"。

这一设想的源头可以追溯到20世纪90年代，当时科学家开始研究细胞如何与微观结构材料发生作用。[21]大多数细胞会附着并适应模板的图案与形状，而且会根据它们所遇到的拓扑学结构改变其运动与行为。我在插图3中展示了一个例子，来自我自己的一项实验。将模板置于细胞中，会让科学家更好地理解细胞行为（例如附着与运动），并且推动研究方向更偏向于细胞功能中机械力的作用这类问题。[22]

生物体中机械力的作用，早在100年前就由苏格兰科学家达西·温特沃斯·汤普森强大的直觉探索到了；然而，20世纪还原主义的分子细胞生物学占据优势，把机械力学排除在大多数生物学研究以外。在即将步入21世纪之际，汤普森在其经典著作《生长和形态》（1917年出版）中概述的观念重新开始进入人们的视野。现代研究正在确证达西直觉所预测的：作用力、尺度以及机械结构对于解释生物及其行为是非常必要的。新一代的科学家和工程师在强大的新型纳米与微米仪器的帮助下，已经准备好讲述物理学如何纳入发展生物学、干细胞分化等生物学问题——力学与机械结构（还有化学信号与电信号）在这些问题中扮演着关键角色，还有如何将物理学纳入即将在第5章进一步探讨的组织工程学这一非常重要的新领域。

借助这一方法，科学研究已经证明，形成组织的细胞不是只感知它们周围的化学条件，而是也会机械性地去感知环境。在被放入外部材料之后，细胞首先会做的事情是用它们纳米尺度的"手"（细胞表面蛋白以及诸如整联蛋白这样的跨膜蛋白质）抓住这些材料。为了研究它们如何做到这一点，实验者将细胞暴露在分子具有黏性的模板中——黏性分子以不同的距离和几何结构分布在具有不同硬度的底物上。整联蛋白特别喜欢与一些分子结合，这些分子具有某些蛋白质（比如胶原蛋白与透明质酸）特有的氨基酸序列，这是大多数活体组织细胞嵌入胞外基质的特征。细胞的附着与最终的行为，主要取决于底物的硬度。如果底物太硬，细胞就会脱离[23]（这也可以用来解释一些案例，比如髋关节植入的失败）。不过它们如果保持吸附，就会拽住底物，同时活化细胞核内的基因以适应底物。这是非常重要的发现，因为它证明了机械力可以触发基因组的读取与转录，并将其翻译成蛋白质。细胞可以根据其机械环境调节自身的组成与结构。

这也证明了细胞如何利用不同尺度的结构感知环境并对其做出反应。它们在纳米尺度上通过蛋白质进行吸附，从而引起拉伸，使细胞骨架在纳米和微米尺度发生变形，这些形变又作为信息反馈到DNA的纳米尺度上。这就促进了细胞外部和细胞内部纳米尺度机械的快速连接，能够对外部变化做出反应。这种细胞行为的机械转导途径，与传统还原主义生物化学版本的分子细胞生物学及基因学相比，是有着本质区别的一种方案。新的观点认为，细胞作为一种很智能的结构，可以通过数百万纳米尺度的信号实时感受它所处的环境，并将信号传递给细胞核，激活基因使之做出调整以适应环境。当然，环境的机械性能对于过程而言是基础，因为细胞内的很多交流都是机械性的，很多环境也对细胞施加机械力。

细胞如何对机械作用力与环境做出反应？

2006年，一项改变游戏规则的实验[24]被报道出来：一些间充质干细胞（一种主要在骨髓内产生的干细胞，可以分化或特异成我们身体中的骨骼、软骨、肌肉或脂肪细胞）在三个培养平板上发生分化，这些平板上平整地涂有不同柔软度的聚合物基质。第一种底物非常柔软，大约是1千帕①，模拟大脑组织的力学性能；[25]第二种具有和肌肉一样的柔软度（大约10千帕）；而第三种的硬度与骨骼相当，大约30千帕。在对应的基质上生长数日之后，三个平板上的细胞各自开始出现了一些不同的行为：在最软的底物上更像神经细胞，在中等的底物上像肌肉细胞，而在最硬的平板上则更接近骨骼细胞。这就显示出，通过附着在底物并对抗拉力，细胞可以感知到底物的机械特性，随后它们做出反应并分化，制造出蛋白质以帮助细胞转化为对其所感知的环境更适应的

———————————

① 千帕为强度的量纲，物质强度与压强的基本单位相同，均为帕。——译者注

一种细胞。这些细胞试着去和它们所生长的材料硬度匹配，在此过程中，它们转变为部分由内在程序控制的类型。换句话说，可以通过它的独特力学特性区分一种分化的细胞，不只是根据它的分子生物标签或基因表达图谱。这项实验具有深远的科学、医学和哲学影响：它证明了细胞具有"机械特性"，并且人工材料可以被用于操控它们的行为以形成这些特性。

2010年，这项实验在更逼真的环境下进行了重现。细胞被嵌入一个三维网络，而这一网络由生物聚合物构成，以模拟真实组织中胞外基质的力学与化学特性。结果再一次证明，干细胞会根据材料的力学性能发生分化。更重要的是，基质硬度也会调节整联蛋白（这种蛋白质扮演细胞的"黏性手臂"）在细胞表面的组织过程。为了评估环境，细胞需要用它的纳米"手"去附着并拉拽，从而感知环境的硬度与三维地形。随后，细胞调整到最"舒适"的平衡态，以此做出响应。随着调整进行，细胞也可以重构环境，使其更适宜生长繁殖。

细胞需要合适的拓扑结构，尤其是合适的力学环境，才能表现得健康。[26]在第5章中，我会阐述这些思路如何被用在了再生医学中，以创造或修复组织与器官。

将机械信号翻译成生物语言

细胞如何将机械特性转变成蛋白质的产生以及细胞的分化？换句话说，真正的细胞机械转导过程是如何实现的？[27]对

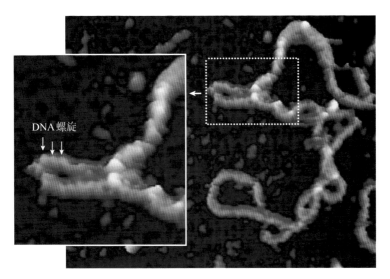

插图1 从大肠杆菌（ *E. Coli* ）提取的DNA在水溶液中的AFM图像。套印小图中显示的是DNA的双螺旋结构（三根箭头指向处）。在活体生物系统中，DNA会发生卷曲，有点像一卷橡胶绑带的扭曲状态；施加在DNA上的张力会在局部对它进行拉伸或压缩。这种张力会破坏双螺旋结构，就像我们在图中看到的这样。这种类型的破坏有可能会影响基因的表达，并开启一种与细胞外世界进行机械性相互作用的途径

来源：索尼娅·特里格罗斯与索尼娅·孔特拉，2008年

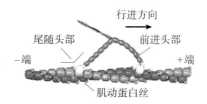

行进方向

尾随头部　　前进头部

−端　　　　　　　　+端

肌动蛋白丝

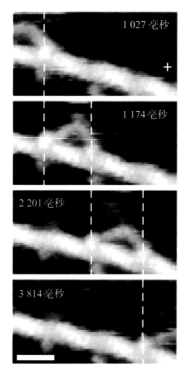

1 027 毫秒

+

1 174 毫秒

2 201 毫秒

3 814 毫秒

插图2　肌球蛋白在肌动蛋白丝轨道上行走的高速AFM图像。最上方的分图是肌球蛋白的两个头部在轨道上跨步的示意图。连续的AFM图像显示了蛋白质的前进运动。图中的比例尺是30纳米

来源：小寺则之与安藤俊雄，"通过高速原子力显微镜对肌球蛋白行走进行可视化的方法"，生物物理学综述（*Biophysical Reviews*），6，No. 3-4(2014)，237-60。根据以上文献改编。AFM视频可以观看的网址：http://www.nature.com/nature/journal/v468/n7320/extref/nature09450-s2.mov

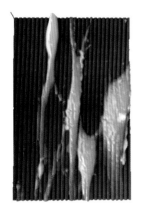

插图3　由原子力显微镜观察到的图像，显示活着的间充质干细胞附着在不同纳米结构的硬质纳米构造底物上并适应。细胞会在具有长凹槽结构的底物上被拉长，会在具有纳米柱结构的底物上变得更伸展；细胞骨架与纳米结构的几何构造排列一致

来源：索尼娅·孔特拉，2003 年

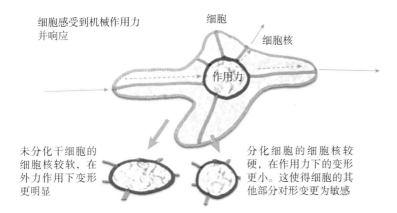

插图4　细胞感受到机械作用力并响应。这幅漫画显示了细胞核如何通过由纳米尺度的蛋白质缆绳构成的复杂网络与外界连接。细胞核可以因为作用在细胞上的外界作用力而发生形变。未分化干细胞的细胞核比分化细胞的细胞核更软，这会影响作用力在细胞内的传输和抵达细胞核内 DNA 的过程。据此，已经有人指出，细胞核在干细胞分化过程中扮演的是力学调控系统的角色

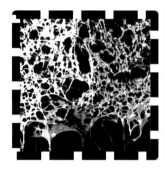
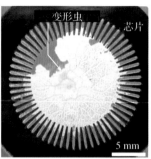

插图5　有复杂内在联系的物质（活体或非活体）可以计算：左图，一大堆高度互联的纳米线可以计算交通路况复杂数据的解决方案；右图，类似于阿米巴原虫的黏菌变形虫计算出一个极难数学问题的近似解

来源：左图——索尼娅·孔特拉；右图——青野正志

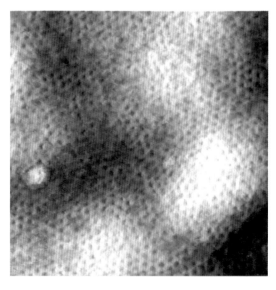

插图6　由网格蛋白排列组成的大型六边形阵列。这一阵列是在液体中用原子力显微镜构造的。图像的尺寸是990纳米×990纳米

来源：菲利普·丹霍伊泽与伊万·沙普

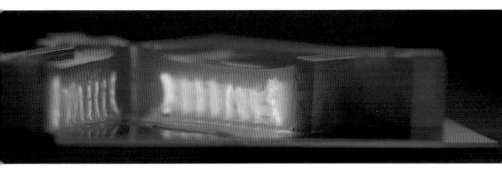

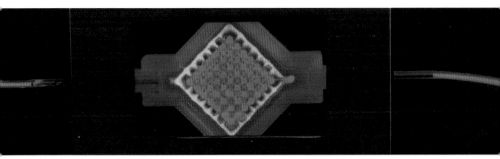

插图7 1厘米厚的血管化组织结构，将人类干细胞、胞外基质和血管内皮细胞采用先进三维打印技术制作而成。上方的分图展示了血管的纵向切面图。这些组织内的血管可以让体液、营养物质和细胞生长因子同步流经组织。下方的分图显示了"芯片上的器官"组织，其中包含了血液流通渠道

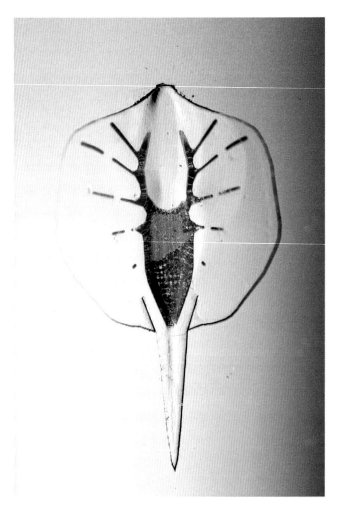

插图8 由凯文·基特·帕克及其合作者在2016年开发出的组织工程机械黄貂鱼

来源：凯文·基特·帕克

插图9　teamLab公司于2017年推出的数字作品"Enso"，单通道，18分30秒

来源：teamLab

此，我们至今还不明白。分子细胞生物学家正在做着他们一直在做的事情：寻找单一的分子信使，即能够触发层级复杂的分子活性并最终导致基因表达的蛋白质。但是，物理学家和工程师在寻找其他的可能性。其中一位先驱是唐纳德·因格贝尔，这是一位美国生物工程师，同时也是哈佛大学韦斯生物启发工程研究所的创会主任。他提出一种可能性：当细胞附着在底物上并拉拽以测量其机械性时，细胞核会因此而变形。细胞具有显著的机械构造：细胞中纵横交错着纤维状蛋白——主要是肌动蛋白纤维、微管和中间纤维，充当着内部连接的纳米缆绳。它们形成了细胞骨架，因格贝尔首先将它们认定为自然界的张拉整体结构[28]（见图1.3），认为其可以通过张力保持它的形态与稳定性。

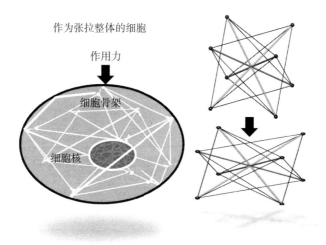

图1.3 已有人提出，细胞的行为就像是张拉整体结构，当它受到细胞外作用力而变形时，整个结构都会做出响应，形成作用力传递到细胞核，随后影响细胞对基因组的读取与翻译

令人浮想联翩的是，这种错综复杂的纳米缆绳同时连接着细胞外部的纳米"手"（整联蛋白与其他附着在外部材料上的蛋白质）与含有两米长基因组DNA的细胞核。外部的机械拉力很可能通过这一机械结构传递，最终引起核内DNA的变形。细胞核内的DNA极度致密，但是其排列结构与层次高度分明，这就确保了作用力可以被选择性传递，从而促成或阻碍特定基因的表达（见图1.4和插图4）。

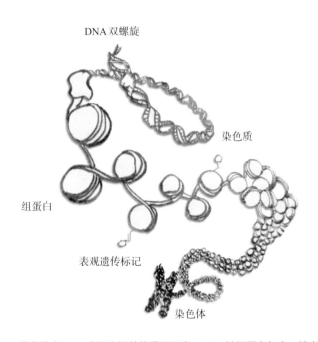

图1.4　X染色体上DNA分层次组装的漫画示意。DNA被组蛋白包裹，精密地折叠到染色质纤维中，随后再被存放在染色体上特殊的位置。一些组蛋白和DNA本身还可能会附着表观遗传标记：活化的分子做出标记，比如确定一个基因是否需要被激活，或者修饰染色质原本的结构以"打开"或"关闭"特定基因的通道

为了实现这一点，细胞必须具备非常明智的作用力传输途径。这些可能包括了细胞外"手"的数量与分布，还有对于传输作用力真实数值的精确灵敏度。细胞骨架的组织与细胞表面整联蛋白及其他附着的蛋白质的位置，都必须确保抵达细胞核的机械信号有着最佳的强度与精度，这样细胞才能"理解"环境的要求。可以想象，机械转导作用甚至可以活化基因的组合：一些拖拽与作用力会让DNA的部分区域暴露，其机械与静电性能使得这些区域在特定的作用范围下更容易被读取和翻译。（参见插图1中的AFM图像，展现了DNA在拉力下的变形足以解开双螺旋结构。[29]）新研究的方方面面都让这样一些观点的说服力越来越强，但是迄今为止，它们中的大部分还未被证实，一些心灵手巧的实验者正在寻找证明它们的方法。

相比于单纯的"中心法则"，机械转导作用提出了一个关于适应与演化的、更"物理"的公式。基因组被折叠存入细胞核的方式，以及响应外部作用力做出的移动与变形，成为编码到基因中的信息被细胞利用化学与物理机制进行读取或结合的一条重要途径。

这些发现将细胞机械力学推到了生物学的前沿。一些技术得以发展，用来测量细胞的机械特性，以及探测它们非凡的能力：制造出机械信号甚至是机械波，以传递或减弱机械信号，并对其做出响应。细胞生物学正在逐步发展成机械工程学与材料科学中最复杂的分支。当然，这是一门极度复杂的材料科学，一部分原因在于，在生物体中机械特性总是多多少少会和一些生物化学与电学特性相结合；还有部分原因在于，为了生存，生命系统总是会形成多重的连锁反馈回路。对于活着的生命体而言，能量的内部转化是很基础的：最终，我们必须通过运动与环境发生作用，而且我们必须用我们从食物中提取的能量为运动赋能。这就需要从化学反应中产生的能量，可以被转化成纳米、微米和宏观尺度上的运动。相对而言，机械运动（形状的改变，即形变）可以促进一个化学反应或指导一系列化学反应，比如像ATP合成酶这样的酶利用旋转去持续催化化学反应。生物结构中电学特性或电压的改变，可以调节化学性质或机械力的传输。生物不会区分什么科学领域，它可以利用所有科学。换句话说，单纯的机械力学不能描述生命，而单纯的生物化学或基因学也是如此。

正如读者所能想象到的那样，活体细胞与组织的机械特性并不容易测量，尤其是在蛋白质与亚细胞结构的尺度上。机械特性可以用几种方式进行识别，但是最直接也最精确的办法是使我们需要研究的样品变形。通过以不同深度和速度精确控制，对材料进行推拉，人们可以就此（根据变形量与变形速度，以及恢复有多快）得知它的硬度、弹性或黏度如何。

尽管AFM是机械力显微镜，但它不只是可以用来高精度地描绘细胞与生物分子，同时也能"拉拽"细胞并由此研究它们的弹性、黏度，以及它们响应作用力所需的时间。

AFM纳米"手指"尖端的超高精度，正在全世界的实验室里被用于测量生物学相关环境的机械力学特性，而AFM的生产公司也在为此目的提高技术精度。我是这项科学事业中的一分子，正在和其他科学家一道利用AFM开发方法，从而以纳米精度测绘活细胞的力学特性。[30]

对细胞机械力学特性进行定量测量，有很多重要的理由。其中之一是物理学家、数学家和工程师可以利用这些数据在他们的计算机中模拟细胞行为在给定的特定力学特性下（也就是说，在生长过程中）将如何发生。比如说，我的实验室目前就在给工程师"喂食"细胞机械力学数据，他们以此构建这些进程（比如植物的生长与成形，或是大脑中机械信号的传输）的计算机模型。

对于细胞感知其环境的方式而言，机械结构与作用力非常重要，这不只是针对那些形成组织的细胞，而是对所有活着的细胞都如此——举一个重要的例子，免疫系统中的细胞就是这样。这些细胞负责探测从体外进入的任何物质，不管是有机的还是无机的，只要这些东西穿透了身体或是附着在身体的某处表面（或是身体内部不正常的什么东西，比如癌细胞），有危险的话就会将这些东西清除。免疫细胞不能犯错误，如果它们将我们身体的某个组成部分错判为入侵者，其后果就是出现自身免疫病的自毁效应。

举例来说，多项研究已经表明，免疫细胞可以通过细菌外表面拓扑结构的纳米图案对其进行识别。细菌表面覆盖着糖分子（碳水化合物），而T细胞与巨噬细胞可以通过糖分子的类型或是这些糖分子在细菌表面的排列方式对细菌进行识别。研究显示，除了附着并"品尝"这些糖，免疫细胞也会通过拖拽这些糖分子使细菌发生变形，并利用这一信息决定是否需要"干掉"这些细菌。免疫系统摸索着其微生物猎物"口味"与"口感"的正确组合，以确定它们是否为病原体。这些发现给我们带来希望，让我们不只能够知道如何更好地对抗感染，还能了解如何战胜癌症。肿瘤细胞逃避免疫系统发挥作用的伎俩之一是对自身进行伪装，并利用其表面"口味"与"口感"的巧妙组合迷惑探测机制。重新训练免疫细胞以探测癌细胞并摧毁它们，是目前生物医学研究中一个方兴未艾的领域，这会在第3章得到更详细的阐述。

用机械信号与电学信号连接不同尺度

机械信号的特点是它可以传输非常远的距离。我们知道这一点，是因为我们利用它相互交流。声波是一种可以在空气中（或水中）传播的机械信号，我们的耳朵可以探测到它，我们的声带可以产生它，这利用的是我们内耳与声带上无比精巧的纳米机械。然而，对声音的感知并不局限于某个特定的解剖学定义。事实上，我们所有的细胞对于机械振动都是敏感的。举一个很著名的例子，对打击乐器手伊夫琳·格伦尼而言，全聋并没有阻止她成为一名世界一流的音乐家，因为她让自己学会了用身体其他部位而不是耳朵去聆听。

到目前为止，所有的证据都已经深度阐述，细胞利用作用力及机械信号传递信息，跨越纳米或微米尺度，送达毫米甚至厘米尺度。细胞具有能够放大纳米作用力与机械振动的能力，从而得以产生并通过组织传播机械信号——甚至是波和振动。实际上，新型的超快成像显微镜已经开始展示这些过程（例如胚胎的发育）的微观细节，在此过程中细胞振动会协同并同步，形成图案与机械波在胚胎中传输。由这些新型显微镜拍摄的影像，说明了一种可能性，即在胚胎发育期间机械波可能与化学及电信号一道，被用于协调组织与结构的发育。

关于生物信号的长距离多尺度传输，一个经典的教科书案例是神经细胞用动作电位传递信息，例如由我们感官收集的信息，通过它们在神经系统中构建的网络传输到大脑。动作电位是一种电信号，沿着神经元的表面传输，可以顺着它的轴突向下输送很远的距离。在一些最长的神经元中，比如在长颈鹿或鲸体内发现的一些神经元中，轴突可达数米之长。大脑也可以用动作电位发出信号，比如发信号给肌肉与我们的环境产生相互作用，或是发给内脏或腺体以控制身体功能。对动作电位（电尖峰脉冲的传播）的测量与数学模拟，在20世纪50年代曾是生物学中最早取得成功的定量方法之一。[31]

机械信号与电学信号都是胚胎发育、癌症和伤口愈合过程中的关键。生物体中的机械信号与电学信号都非常复杂，而我们对它们的理解还很初级，但它们是很好的案例，说明活生命体中生物分子的复杂相互作用如何形成了集体现象，将从原子的纳米尺度到我们身体的米尺度这些不同的生物尺度都关联起来。这些现象，还有它们背后的机制，最终会是由几个学科集中研究的定量生物学课题。

生物电对器官活动的程序控制

用不同方法共同努力得到的图像，说明细胞行为由化学、机械与电信号调控，而这些信号通常会相互耦合（如今已经确认，比如动作电位的传播会伴有同时产生的机械波，但它的作用还未知）。随着生物物理学界加入，通过努力理解机械力在生物形态形成过程中的作用，迈克尔·莱文重新关注组织再生与伤口愈合、胚胎发育以及癌症中电场重要功能的工作，近来吸引了很多关注。这一工作传达了一个不能被忽略的重要讯息：一般为了让身体、器官和"生物形态"发育，生命体会使用远程信号，而非基因组的特定信息。通过对蝌蚪的研究，莱文与他的同事们证明，胚胎的形态可以被大脑中产生的电信号调节，即便是在这些器官尚未完全发育之前。他的实验室中所做的一些令人吃惊的实验，证实电场可以让蝌蚪在肠道里长出眼睛，或是让蠕虫长出两个头。莱文认为，身体中的电信号会产生生物电回路，对解剖学模式进行编码。理解电场在发育过程中所起的作用，或许会是未来再生医学、癌症生物学以及生物工程学策略中的关键。莱文猜测，在不久的未来，利用先进的科技与计算机科学（或者更精确地说，计算神经科学），我们或许会开始理解生物电回路的语言，并最终破解发育和再生中的生物电密码。

尽管定量生物学领域还在它的初生阶段，而且它承担着一个艰巨任务——寻找生物行为与复杂潜在结构及进程之间的关联，但是一个清晰的研究策略是大多数科研工作的基础。先进的显微镜与生物化学还有基因学相结合，纳米结构材料与纳米技术工具被用于探索细胞与组织行为的不同尺度。最终，物理学、数学还有计算机科学都会被用于构建越来越精细的生物模型，有希望包含它的所有复杂性，从分子层面到细胞层面，再到生命体层面。

分层的生物、分层的大脑以及分层的思维

或许活着的生命体最突出的特征是智能与意识。这在传统上已经超过了大多数生物科学研究的野心，因为还原论方法几乎没办法开展对这些问题的处理。不过，近来在机器学习以及AI方面的研究已经证明，定量方法与数学模拟可以为生命体识别环境模式、从环境中学习甚至提取抽象概念的能力提供非常深刻的见解。

2016年3月，由谷歌公司DeepMind开发的一种计算机程序阿尔法狗，在五场制的系列比赛中，战胜了世界上最顶尖的围棋手之一的李世石。这对AI而言是一次无与伦比的战绩。阿尔法狗使用一种人工深度神经网络，通过人类与计算机的训练来学习游戏并赢得围棋比赛。近年来，深度神经网络已经在人脸识别方面令人类汗颜——仅仅在几年前这还被认为是不可能做到的事情，并且正在成为不同语言之间越来越优秀的翻译。

新型深度学习算法成功的关键在于，它们是从人类中枢神经系统的构造中获得了灵感；它们由彼此连接的节点构造形成，

模拟生物神经网络。它们分层构建，这样神经网络或部分神经网络络就会成为更大系统中的一部分。不过，虽说它们很成功，但对于它们的制作者而言，它们依然是"黑匣子"。在复杂分层的连接体背后，隐藏了它们学习能力的基础，但我们并不知道它们是怎么做到的。

　　一个有趣的假说解释了为什么这些AI系统能够这么出色地工作，这也揭示了它们所运用的宇宙关键属性（就像神经网络所做的那样）：启发本章的影片《十的力量》中所证明的，尺寸与结构的层次。宇宙是分层构建的，复杂结构则通常通过一系列更简单的步骤形成。人工深度神经网络的分层结构，使其能够在它们计算的顺序中模拟因果关系的层次，这就使得计算变得更容易。更深入地说，我们的宇宙似乎由一个包含所有可能函数的极小子集控制，而这些函数具有简单的特性。宇宙的结构就由这些简单函数创建。这一事实可以被神经网络所运用，比如说当它们正在试图识别一张猫脸的时候。在这一案例中，它们并不需要对无限个可能的数学函数来进行近似从而识别一只猫，因此计算可以在很短的时间里完成。当一个现象具有分层结构时，就像这只猫的图像一样，分层模拟的仿生神经网络在对它进行分析与建模时，会比不具备分层结构的计算机算法更优。[32]

　　计算的生物启发并不只有数学研究者在实践。实验科学家显然"已经对还原主义感到无聊……对于完善与精确控制感到疲倦"[33]，他们正在设计一种简单的神经形态"人造电子大脑"，由大量2毫米×2毫米的网状银纳米线构成，类似于"一盘高度交错的（纳米）面条"[34]（见插图5）。只有复杂互联的网状纳米线才会试着去模拟大脑：它每平方厘米具有10亿个人造突触（仍然比人类大脑的突触密度低了好几个数量级）。这种简单设备的电活性展示出一种复杂系统的特有属性，那就是自组织临界状态——介于有序和混乱之间的一种状态，此时所有部分都会连接起来以实现最高效状态。这是一种在人类大脑中被观察到的特性。这一设备没有被编程；与此相反，它被训练计算，而在进行计算时它的结构自然地改变与演化。比如说，科学家将一份洛杉矶市6年间汽车交通数据组的上半部分，以一系列对应每小时汽车数量的脉冲形式输入。在数百次的训练之后，设备的输出预测出了数据组下半部分的统计学趋势，而它从未见过这份数据。这种神经形态设备将它自身的复杂性与现象匹配，因此它正在试着理解（或模拟），而不是试着用数学去对现象进行近似的建模。就像大脑，它不会将过程与记忆分离；它自身的处理过程就会在网状结构中创建记忆。这些实验也显示了，复杂构造的物质可以计算。换句话说，计算出问题的解决方案是一项壮举，若是普通物质的结构以特定的方式连接，一样可以完成这项壮举，我们正开始发现这一点。

这种计算程序也适用于细胞层面（尽管是以复杂得多的一种方式）和其他生物计算系统。日本的一个科学家团队已经证明，一种类似于阿米巴原虫的多核疟原虫——多头绒泡菌这种黏菌的移动阶段——可以搜索并发现复杂计算问题的解决方案[35]（见插图5）。

当细胞通过一些机制（比如我在前文中所讲述的机械转导作用）探索并适应环境时，无数来自纳米尺度蛋白的信号会不断地被细胞收集。细胞通过其复杂关联的物理、化学及基因网络管理并控制这些信号，最终计算出细胞行为的解决方案。演化已经对细胞的计算能力进行了超过10亿年的优化，使其能力远远超过简单的"盘中纳米意大利面"设备，因此它可以适应并改变它一直沿用的算法。

神经形态电子设备还要走很长的路，才能和细胞一样聪明。

机器人专家正在通过建造模拟小型生命体神经元连接性与感知能力的宏观机器人，采取类似的策略。一个很好的案例是协作"开放蠕虫"（OpenWorm）项目的展示，这一项目正在尝试着用计算机创建一只虚拟的秀丽隐杆线虫，基于真实线虫的神经网络进行机器学习。开放蠕虫项目在2014年吸引了媒体的关注，当时合作者将生物启发的AI算法上传到一台被赋予一些感知能力的"神经机器人"中，并在线播放了一个非常不像蠕虫的设备表现出很像蠕虫的行为的视频。

这种科学技术或许会帮助我们在未来实现越来越复杂的计算、技术乃至AI，它同样有助于阐述我们的宇宙为什么能够让大脑与意识如此渴望理解空间与结构，就像影片《十的力量》用其魅力对此浓墨重彩的证明那样。大脑的分层结构、复杂组织以及它与身体剩余部分的关联，让我们不仅渴望也能够去探索我们身边的世界。这种分层次的组装是演化的方法，不断地在分子、细胞以及生命体层面，给大脑自身注入学习与适应的能力。细菌、植物、动物包括人类都在探索、适应并学习着，因为我们是由主宰宇宙的规则"制造"出来的。一些更为大胆的科学命题甚至将整个宇宙都描述为一台巨大的细胞自动机器，能够演化并计算它自身的行为。科学已经从还原论的"中心法则"里走出了很远。

接纳生物的复杂性

通过对生物与智能的运行方式进行研究，并发现它们的分层结构，现代科学正在重新研究人类在古代就开始实践并凭直觉感知的一些事情：我们对分层的结构与模式总是有强烈的兴趣，擅长识别它们，也擅长制作它们并乐在其中。我们并不孤独。不只是人类，单细胞生命体、蚂蚁、蜜蜂、蜘蛛、鸟类、猴子、鱼还有很多物种，都会构建并理解网络与模式。人类天生就善于寻找关联与模式，我们寻找并识别一片片宇宙拼图，并通过从这些模式中抽象出一些观点，调整我们将自己置于宇宙中的方式。模式化的结构与层级，是美学与艺术、音乐、语言、科学、哲学乃至宗教灵性的基本原则。从古时候开始，人类对于为现实构建的层次化、模式化解释，就会感到享受、满足和安慰。我们也一直很好奇，我们对模式的兴趣从何而来。

早期文明将他们对宇宙的知识与直觉都浓缩成了错综复杂的邪教与神话；西方与东方的宗教及哲学传统，信奉人类解释现实的能力源于上帝/神（通常被认为是宇宙本身）。因为科学知识的缺乏，他们不过是本能地认为生命的涌现是宇宙结构的反映，或者像很多古代的宗教所说，我们是根据上帝（也就是神）的形象创造出来的。模式化与层次化构造出来的神，活在我们的身体里，或是我们的语言和灵魂里。

在21世纪，现代定量生物学、物理学、计算机科学、神经形态电子学以及自然计算[36]与数学的其他分支学科，事实上终止了人类寻求理解生命与自然的历史循环，并且让我们更接近于完善古代文明的原始智力活动。随着我们努力发现智能的活体生命将宇宙物理学藏入我们生物体内核的精确方式，科学家与技术专家（通常在不知不觉中）重新与我们的祖先连接，论证人类与非人类体内的"小宇宙"的计划——尽管是以一种世俗的方式。换句话说，生物学正在融入物理学领域。通过最基本的形式，物理学寻找着在所有尺度及表现中构建和控制宇宙的规则，并用数学语言将它们表达出来。接着，工程学利用这些已经编码到数学中的物理学知识创造出技术。生物学如今已变成自然的土壤，供物理学与工程学生长。

作用于生物学的物理视角具有强大的力量，这不仅仅是因为在21世纪，这些隐藏在生物复杂性背后的知识将会改造我们的技术与恢复健康的能力。物理学是强大的，因为它改变了科学文化，我们从这些科学文化中了解自己，了解我们的生命和健康。我们不再是基因计算的产物，我们是由宇宙自身涌现而来。这也解释了为什么从生命中获取能量与潜力的现代技术革命，正在将我们带回人类思想的那个起始点。纯粹的科学研究正在带着我们回顾一些非常古老的问题：我们是谁？我们如何学习？我们在宇宙中的地位是什么？我将会在本书的最后一章与结语中讨论这些思考，但在此之前我们还需要探索更多的科学。

在本章中，我已经总结了定量科学的融合正在构建非常不同的生物学面貌，接受并探索它的多尺度复杂性，并放弃了前一代的还原论。在下一章，我将回到分子中去，展示生物如何作为一种材料兼一张蓝图，被用于构建21世纪的新材料科学。我将会探索"边制作（纳米技术）边学习（生物学）"的实用方法是如何实现的。我们从DNA与蛋白质的纳米技术谈起。

第 2 章

边制作，边学习：DNA和蛋白质纳米技术

核糖体是一种由蛋白质与RNA自组装而成的复杂分子机器。生物体中的多任务纳米材料蛋白质，就是在转译基因组期间，由核糖体以原子精度在细胞中组装起来的。核糖体按照正确的顺序，一个一个地添加氨基酸，构建出精确排列的链串，链串又自发地[1]折叠成三维形状——每一个活着的物种（细菌、动物或植物）的每一种蛋白质都有独特的三维形状。折叠的蛋白质随后进一步组装，并由细胞器进行传输，以构建生物结构与功能。要想以如此高效且优雅的方式控制分子的组装，纳米技术还有很长的路要走，不过这几十年来，人们已经研究了如何利用分子本来的自组装特性去构建越来越复杂的纳米材料，DNA和多肽就属于这类分子。

自组装，是指在没有组装者（人类、细胞或其他方式）干预的情况下，纳米尺度的构造模块可以自我组织，形成模式或结构，这在生命体内经常发生。这一过程经常利用分子间结构和/

或作用力的互补性，以水环境的温度作为能量来源驱动进程，自发地以一种优化的方式形成并组装这些分子。

在本章中，我将回顾围绕 DNA 和蛋白质开发的纳米技术是如何产生的，包括它的发展进程，以及一些已经引起轰动的应用。DNA、RNA 和蛋白质作为纳米构造模块，已经被用于组装设计架构超过 20 年。DNA 纳米技术追求使用人造的 DNA 构造模块设计并构造任意形态，更重要的是，它尝试赋予这些结构纳米尺度的功能性。这一功能已经在作为合成复杂分子以及可编程分子计算机的活性模板等复杂角色的表现中得到证明。纳米结构甚至被赋予调节活生命体功能和瞄准肿瘤细胞的使命。

蛋白质纳米技术领域利用人工或天然蛋白质，尽力实现同样的目标。相比用 DNA 来实现这一目标，这是更艰巨的任务（蛋白质是 20 种构造模块的结合，而 DNA 只由 4 种碱基构成），但是也能带来多得多的应用，因为蛋白质可以不夸张地实现纳米尺度上任何三维形态与功能。

在过去的 5 年里，一个备受期待的梦想被证实："蛋白质设计师"出现了，他们能够在电脑上绘制"后演化蛋白质"，也就是那些自然界本不存在的蛋白质。利用自然技巧重新设计生物构造模块的能力，打开了一扇超越演化的可能性之门。蛋白质纳米工程正准备在很多领域进行革新，从医学到电子与材料科学，并在纳米尺度形成对物质更深刻的理解。

DNA纳米技术的诞生

从我们21世纪的视角来说，利用DNA碱基的互补性构建纳米尺度的物质，这主意看起来很直接。但是这其实动用了前期大量的知识，还需要一个很特别的观点，才能意识到DNA实际上可以被用作复杂形状的构造模块。

这些思想的历史可以追溯到DNA结构被发现的时候。首先，为了确认克里克和沃森在1953年提出来的右手性双螺旋模型是正确的，就花去了20多年的时间。那是1973年，亚历克斯·里奇（Alex Rich）证明了双螺旋的细节。确认DNA的结构，需要可用的高品质DNA分子样品，以及结晶出不稳定生物分子的晶体并分析X射线衍射数据的改进方法。里奇对于DNA和RNA的核酸结构都进行了多年研究，并用一些开创性的发现给这一领域带来了革新，为现代生物技术打下基础。1973年，一个特别重要的时刻出现了，里奇的实验室成功地制作出晶体，并利用新的计算方法，最终在细节上破解这一结构。在付出所有的努力之后，没有惊喜与意外——沃森和克里克是对的。这也是科学运行的方式：任何事情都需要被证明。况且，经常有一些证明复杂事物的努力会带来意想不到的红利，因为解决问题需要从不同的角度进行思考，并和其他领域建立联系。

除了对它们的结构进行解析，制备出生物分子的晶体用于X射线分析，也给科学家对这些分子的操作与探索方式带来了根本的改变。自20世纪20年代，詹姆斯·萨姆纳开始了初期的尝试——对脲酶进行结晶，科学家努力将那些尚未在空间里演化出对称图案的分子制备成晶体。这不仅需要一种特别的观点，还需要将这一分子——它的结构、它的电荷，它与水和离子、温度以及压力的相互作用——不只是视为细胞中发挥功能的天然生物分子，还视作一个非天然不对称三维结构的构成组件。就像我在前一章所探讨的那样，还原主义的科学方法通常会带来创造力；一旦我们发现某些东西的构造模块以及它们的运行方式，我们通常就能发现它们的实际用途：对技术的追求。像乐高积木这样一些玩具的成功，就基于人类对搭建零件的热爱。这一视野的转变，让晶体学家奈德·西曼（里奇实验室确认DNA结构工作的作者之一）形成一个设想，将DNA视为未曾在自然界发现过的那些模型的构造模块。

和里奇在麻省理工学院（MIT）一起做出成功的研究之后，西曼又在纽约州立大学组建了自己的实验室。到了1980年，由于缺乏优良的单晶，他获得研究成功与长期聘用的可能性都遭遇了严峻的威胁。就像他如今在做讲座时说的那句名言："没有晶体，就没有晶体学……更没有晶体学家。"研究结果匮乏的绝望之下，他开始转而制作DNA结构的计算机模型，并开始思考将DNA作为构造模块。

西曼对一种特殊的DNA很感兴趣，也就是形成十字交叉的霍利迪连接体。[2]霍利迪连接体是DNA的分支结构，由4条双螺旋臂构成，细胞分裂时染色体复制期间它会自然地出现。1979年，西曼意识到这些连接体可以从人工合成的DNA中获得，而且如果有人能够以正确的方式控制连接体的形成，那么原则上说，将有可能利用它们构建出格栅与网络。

格栅与网络是人类自古以来就一直关注的焦点。在意识到DNA可以被用于制作格栅时，西曼将数千年来人类从理性与艺术角度对于空间对称性的兴趣，和古代篾匠探索对称结构使篮子能够用来装物品的实践数学联系起来。从艺术、科学和技术角度对空间与材料的解释，总是会纠缠在一起。20世纪50年代，在M. C. 埃舍尔对"物质、空间以及宇宙的语言"的解释中，他有关棋盘花纹装饰图形与无限结构的周期性概念，就是由晶体学所激发的。[3]在他的三维周期性图案作品中，有一个例子是《深邃》，这是他在1955年创作的木雕。《深邃》表现的是一排"机械鱼形飞机"逐渐消失在无限的空间里；埃舍尔自己写道，深邃效应的实现，是"通过每一条鱼都位于一个立方三重旋转系统的交叉点上这种有规律的定位"。[4]

当西曼将他的模型和埃舍尔《深邃》中的鱼联系起来时，他开始考虑由4条或6条DNA分支构成连接体，每一条对应着鱼的头、尾、背鳍、胸鳍、左鳍和右鳍，形成六臂的模型。作为一名敏锐的晶体结构分析者，当看到埃舍尔的机器鱼及其在空间中无限的副本时，他不会错过其中的对称性。是否可以利用人工DNA也制造出六条支链交叉的图案？西曼意识到，如果有一个很黏的末端能够让结构粘接起来，并通过工程技术形成这一结构，那么事情或许能成。这样的黏性末端是存在的：当时它们在基因工程学领域中为人所熟知，并且它们可以由DNA双螺旋结

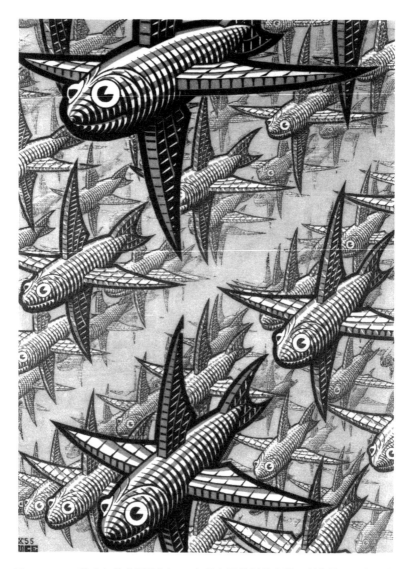

图2.1 M. C. 埃舍尔的《深邃》（1955）是在晶体学的启发下创作的，后来又为
DNA 纳米技术提供了灵感。版权所有：M. C. 埃舍尔公司–荷兰。版权声明。www.
mcescher.com

构尾部的突出部分构建而成。成功的时刻在1988年到来，当时西曼的实验室用了10根DNA，制造出一种分子，其边缘连接起来就如同是一个立方体的棱边。这标志着DNA纳米技术的开端。扫描隧道显微镜被发明后的第7年，在富勒烯（巴基球）①被发现后的第三年，以及埃里克·德雷克斯勒那本《创造的引擎》②出版后的第二年，科学界正在齐头并进闯入纳米尺度。

利用DNA创造纳米结构

在两条互补的DNA单链靠得很近时，DNA双螺旋结构就会自然地形成。这是因为，构成DNA的4种碱基（腺嘌呤、鸟嘌呤、胞嘧啶和胸腺嘧啶，当它们与磷酸结合之后，也被称为脱氧核糖核苷酸，核苷酸连接起来即为DNA）可以分为两个互补的碱基对：A和T结合（且仅与T结合），而G与C结合；用生物学的书写方式表达就是A≡T，G≡C。脱氧核糖核苷酸的互补性，赋予了DNA分子在形成双螺旋结构之外，成为可编程构建材料的可能性。原则上，我们可以通过设计并合成DNA链搭建出任意

---

① 富勒烯是1985年被发现的一种碳元素单质，其中的碳原子互相连接并形成球体。第一种被发现的富勒烯有60个碳原子，形似足球，也被称为足球烯；因为这种结构很像建筑学家巴克明斯特·富勒的作品，所以它也被称为富勒烯或buckyball——中译名为"巴基球"。这一发现获得了1996年的诺贝尔化学奖。——译者注

② 该书也被译为《创造的发动机》，作者埃里克·德雷克斯勒被称为纳米技术之父，在书中，他以纳米技术的视角对很多科学技术进行了预言。——译者注

模板，其中的核苷酸被精心定位，因此它们能够与另一链段上与它们互补的碱基结合，创造出能够被折叠成特殊形态的纳米结构。这一点之所以可行，除了互补性以外，也是因为DNA有个关键特性：在相对较长的时间里，可以在结构上保持稳定和刚性。

最终，采用DNA链段作为组件，使得在任意潜在尺度上构建任意形状成为可能，其结构设计精度可以达到构成DNA的核苷酸的水平。不过，要想让这一技术变得有用，它也必须要做到成本合算。正因为如此，DNA纳米技术专家努力寻找最佳方案，以制造出特殊用途急需的模板。这一领域的终极目标是要制造出电脑程序和DNA材料，让任何人都可以用它们创建特定用途所需的结构。最终，这将会促成利用DNA构建功能结构的技术，就像建筑师和机械工程师如今通过计算机模拟设计结构一样：借助计算机模拟技术，他们可以测试目标任务中某种特定材料的适用性，不必等到在真实条件下生产出来之后再去测试。DNA纳米技术目前正在同时发展构造模块和软件系统，以便在不远的将来让这一目标变得可行。因为一直受到核糖体"圣杯"的启发，这一领域的主要目标是创建活性结构，还有能够用来合成分子或是在治疗方法中影响细胞行为的纳米机器人与微米机器人。

这一领域的开端有些寒酸，它起始于我在前一节所提到的立方体构建过程。在立方体之后是一些更为复杂的形状，例如八面体。最初的研究是在探索哪些形状可能存在，其时代特征是先驱者付出坚定的努力，只为获得必要的知识以谋求进步。尽管这一领域的演变过程在我们回顾时看起来非常明确，但是当第一批博士研究生在实验室里试着用DNA去搭建结构时并没有那么清晰，其主要障碍之一是需要不同领域（化学、物理学、显微术、数学等）的大量知识，他们需要把这些知识融会贯通，才能成功地制作出不同形状。

在立方体和八面体之后，20世纪90年代又出现了由DNA与RNA制成的绳结。采用其他一些用绳子造型的古老技法（例如勾编与编织技术），加上数学家对于拓扑学的兴趣，DNA就可以通过这些绳结连接起来。[5]最为超群的一种绳结，莫过于在1997年由DNA编织而成的博罗梅安环（Borromean ring）①。

这些结构都很有趣，也很松软，这一点很关键，因为你无法利用它们制作格栅。如果你需要构建大结构，那么最好的策略之一就是利用足够结实的"瓦片"进行自组装，覆盖相对更大的区域。为了构建出这种"瓦片"，下一步需要做的就是找到刚性的DNA模块，以便能够用来构建更稳定的网络。

直到稳健的DNA反向平行双交叉结构（简写为DX）实现之后，这项研究才有了突破，第一种二维阵列的DX"瓦片"得以构建。自此以后，也出现了由其他模组构建的二维阵列，包括霍利迪交叉菱形晶格以及各种基于DX的阵列。DX阵列也可以被用来折叠成三维结构，例如DNA纳米管，它可以与其他结构

① 博罗梅安环是拓扑学中一种很经典的结构，由三个互相垂直的椭圆环构成，三个环锁在一起，但是都不交叉。——译者注

连接。在20与21世纪之交时，利用这些"瓦片"进行的DNA拼接与编织成篮的研究大行其道。

科学家始终将DNA与算法联系起来，因此，DNA链的选择性（也就是优先与那些核酸序列与之互补的DNA链结合）也被用来构建能够执行计算机程序的二维DNA阵列。例如，DX"瓦片"可以被设计，这样它们黏性的末端可以探索将不同类型"瓦片"组装成晶格的可能性，所以它们就像是"王浩瓷砖"（Wang tile，相邻的瓷砖边必须匹配）[6]那样，可以让它们执行计算。一个编码了XOR（异或算法）程序的DX阵列被构建出来并被证明，而它的组装方式允许DNA阵列执行一个棋盘式机器人程序，从而产生分形形状。

DNA折纸术

构建DNA的平面结构，这项工作的一项主要突破在于，人们意识到可以利用DNA的小碎片充当"订书钉"，从而稳定地折叠DNA长链。保罗·罗特蒙德在2006年证明，借助计算机程序设计的DNA短链"订书钉"，可以将一些DNA长链结合在一起，使其能够自组装成任意形，这样一来，任意形状都可以由长链DNA（通常是从病毒中提取的天然DNA）折叠而成。[7]这些"订书钉"被设计成与长链DNA的一些特殊部位互补；当它们结合时，可以引导折叠的进程。"DNA折纸术"的天才之处在于，设计与构建都很简单，也很便宜，因为原始的DNA不需要再被合成。罗特蒙德用DNA编织的笑脸，已经成为这一领域的非官方徽标（图2.2）。通过改进这一方法，三维的形状也已经被创造出来，比如用DNA折纸术制作的盒子可以被编入程序，对刺激信号做出响应，打开盖子并释放内容物。[8]

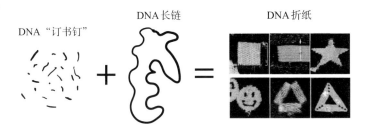

图2.2　DNA折纸术。一条长长的DNA链被结合在特定位点的DNA"订书钉"折叠，引导DNA链自发折叠成需要的形状，而这些形状已经编码到"订书钉"的设计之中

说明：本图在斯普林格《自然》杂志的授权下重新打印

DNA阵列被用于复合其他分子，诸如蛋白质、碳纳米管、纳米颗粒、量子点以及富勒烯等，从而构建出杂化结构，制造分子级电子器件。DNA阵列还被组装到人造的脂质膜上，这让它们有潜力构建出小区室以及更高阶的结构。这就可以想象，将DNA结构附着到活体生物的膜上，可以被用作细胞上的把手，远程调控细胞功能。[9]

DNA纳米机器人

稳健的DNA结构不再摇摇晃晃，这一结构的发现也让构建纳米机械设备——具备可控运动能力的纳米机器人——成为可能。搭建DNA纳米机械并能够从右手性DNA切换到左手性DNA的想法,很早(1987年)就已经在这一领域出现了,并且在1999年,第一台DNA纳米机器人就已经被制造出来了。第一台纳米机器人是纳米步行者,灵感来自马达蛋白的跨步行为,比如我在第1章里介绍过的肌球蛋白行走动作。迄今为止已经被证明,一些DNA行走系统利用多样化的策略做出动作并加以控制。很多这类DNA步行者利用的是外源控制的DNA"燃料"链(连接在DNA机器人特定位点的DNA短链,比如它的"腿"),随后可以被酶之类的物质消化。这些酶催化进程中产生的能量,随后被用来推动DNA结构的运动。每走一步,DNA步行者都会将后面的腿移到前面,由此跨出几纳米的长度实现运动。然而,因为早期的DNA纳米机器人是由分子反应驱动的,所以它们的运动非常缓慢,只能以很低的程度组装或获得很少的操作收益,又或者是不能运用可观的力量对抗外部荷载。

2010年,西曼的实验室设法制造出第一条纳米尺度的组装生产线。DNA步行者在一条嵌于DNA折纸结构之中的轨道上行走,能够挑选出包含纳米颗粒的特殊基因盒,沿着轨道移动,就可以利用3种不同的基因盒组装出8种不同的产品。

2009年,研究人员构建了一台由DNA折纸术折叠制成的DNA纳米机器人,当它的核酸适配体(结合到目标分子上的DNA片段)传感器识别到特殊的小分子时,可以用它来释放药物。[10]这台机器人是一个由DNA制成的六角棱形盒,用两片

DNA铰链将其锁住并关闭；在盒子内部，有12个留给治疗性分子的停泊位点。两条DNA片段充当传感器，可以对癌症抗原做出响应，将盒子打开。DNA纳米技术也可以被用来感应活细胞中化学物质的浓度，[11]同时创造并组装一些传统合成化学中难以操作的化学分子，我将会在第3章中对有关纳米医学的内容做进一步阐述。

2018年，一种控制机器人的新方法被成功实现了：利用电场移动DNA机械中的不同部分，使其相对于其他位置发生移动。通过这一方法，机器人获得了"多个数量级的操作速度，几乎完美的切换量（毫秒级的精确位置变化），以及计算机控制纳米尺度动作与位移的能力。"[12]最新的电子DNA机器人是一个基于DNA、尺寸为55纳米×55纳米的分子平台，具有长度为25纳米的完整机械臂——可以延伸到超过400纳米。这种机械臂可以用于将分子或纳米颗粒采用电驱动运输超过几十纳米的距离。可以想象，未来这种机械臂的阵列可以被装配起来，并远程控制药物制造，变成一座纳米尺度的自动化药物生产车间。

DNA纳米技术的挑战

由单链DNA制作出来的DNA折纸、瓦片以及立方体，已经被证明是通过自组装创造二维及三维物体最有效的技术。迄今为止，利用这些构造模块可以实现的结构的最大尺寸仍然有限。[13]

比如说，有一种广泛用作DNA折纸的骨架①，是一段大约包含7 200个核苷酸的基因组DNA，而它折叠成折纸结构之后，直径不会超过100纳米。

另外一种DNA纳米技术中常用的设计策略是单链瓦片组装件（single-stranded tile assembly，简称SST），由单链DNA构成的纳米尺度二维长方形或三维砖块被设计成互相之间紧密连接。SST可以被组装成二维薄片或三维块，这些结构可以被选择性地"雕刻"，形成不同的图案和形状，只需要包含或省略掉结构中特定位置的SST即可。用这一方法制作出来的DNA形状，通常和DNA编绳纳米结构的尺寸相当；更大的结构也已经被研究人员构建出来，只不过产量很低。

2017年，一些研究团队打破了另一个障碍，尝试制作出DNA的微米尺寸结构——数量级超过以往的那些产品，同时也扩大了可能的产量。利用一种新的计算算法，目前有可能利用DNA折纸的正方形构造模块，在一个分层次、多步骤的进程中构建形状，逐渐组装成更大的折纸阵列。FracTile Compiler（分形编译）这款设计软件目前已经对研究团体开放，因此即便是非专业人士，也可以设计DNA序列和实验步骤，从而制作出大的DNA图案。作者证实，利用这一软件运行的自动设计程序，已经制作出一些用DNA完成的"绘画"，包括一幅700纳米宽的《蒙娜丽莎》画作。[14]

① 此处的骨架，原文为scaffold，作为基因组学的学术语言，目前并无准确的中文释义，它代表的是DNA片段组装起来之后的长序列。——译者注

另一个团队则已经证明，利用V形DNA折纸构造模块，有可能构建出毫米尺寸的结构。借助复杂方法控制V形组件的组装，他们已经构建出三维管和一些类型的多面体。[15]与此同时，还有一支团队已经成功地创建出一种SST的DNA砖块，借助他们的新软件"纳米砖块"，这种DNA砖块可以被用来组装微米尺寸的三维物品，而他们也通过创建各种复杂形状加以论证，其中包括一只DNA做成的泰迪熊。

降低DNA构造成本的努力也未曾停下脚步。2017年，生物技术的进步已经让DNA折纸的价格从每毫克200美元降低到大约20美分。

总而言之，利用DNA以高效且经济的途径构建任何二维或三维形状的能力，目前正处于非常快速的发展中。任何最新的结构都可以被组装成元器件，其尺寸大到足够与生物细胞相互影响，比如用作治疗干预。可想而知，这些结构可以被用来编写细胞或其他生物以及无机物之间的程序，例如：通过骨架材料的设计，能够连接这类物体创建出更大的结构，诸如人工生物组织或优化后可以产生电能的细菌阵列此类。它们还将使分子机器以及能够合成分子与聚合物的组装线成为可能。

DNA纳米技术已经成为一个成熟的领域。全世界大约有60个实验室都在研究这一领域，思考并识别其形状与功能，合作发现它在药物、计算、纳米光学以及纳米电子学领域的应用。开源软件可以提供给任何人，他们可以用来设计DNA制成的结构；制造这些结构所需要的DNA组分越来越便宜；构建很多结构的工序相对来说也很简单。这些进步正在促成DNA纳米技术的实用性与可能性，它准备在不那么遥远的未来成为原子精度构造的标准实验室工具。

DNA纳米技术在药物中应用的主要挑战有：其一，DNA纳米结构在它们被放入活体组织后会发生降解；其二，免疫系统对外来的DNA可能做出响应，因为在很多情况下DNA都是直接从潜在病原体中提取的（比如DNA折纸中的DNA）。这项研究还在持续开展中，以期促进未来可以将DNA作为治疗试剂使用的科学技术。[16]

蛋白质纳米技术

原则上，构成蛋白质的20种氨基酸，可以比寒酸的4种DNA碱基提供更加多功能的搭建材料。事实上，由这20种氨基酸构建的多肽链是地球上用途最多的材料。蛋白质折叠不仅具备稳定形状的特性，而且被仔细设计：在适当的位置具备柔性，与水分子以及其他相邻分子与离子之间有必要的相互作用；还有合适的组装与拆卸特性，以便从环境中获取能量，从而实现跨步动作，就像肌球蛋白一样。除了肌球蛋白与驱动蛋白这样的纳米步行者以外，蛋白质还可以进行的工作有：酶对化学反应的催化；光学纳米元器件（比如我们眼中的视紫红质）；压力传感器（机械感应通道）；超灵敏的化学受体分子（嗅觉受体）；结构骨架（组织细胞间质的胶原蛋白，或形成细胞骨架关键纤维结构的微管蛋白与肌动蛋白）；纳米旋转马达（ATP合成酶）；蛋白质工厂（核糖体）；电子纳米通道与纳米泵……除此以外还有很多。

天然蛋白质为组装提供了很多可能性，但是对它们在构建阵列方面实际应用的探索才刚刚开始。在上一节中，我们看到了DNA纳米技术科学家在构建尺寸超过数百纳米的晶格时面临怎样的挑战。然而，研究表明，构建常见二维网格蛋白并使其扩大到几个平方毫米（见插图6），相对而言还是简单的。网格蛋白（学名Clathrin，来自拉丁语的 *clathratus*，意为"网格状的"）具有三条腿，形成三脚蛋白形状；在细胞中，它会自组装成围绕脂囊泡的多面体，用稳健的梭形体输送分子穿过细胞。网格蛋白具有组装的倾向性，可以被修剪成图案覆盖在毫米级宽度的大平面薄片上，具有30纳米的周期。此外，研究表明，对于附着在这些晶格上面的酶与纳米颗粒而言，晶格可能也有助于它们的组装。[17]其他一些天然蛋白质，比如铁蛋白、S层蛋白（包覆在一些细菌和古菌表面的蛋白质晶格）以及疏水蛋白（在真菌表面组装），也被用来组建大的二维晶格。

尽管构建自组装晶格或许会在技术上非常有用，但是纳米技术科学家最基本的目标是能够利用蛋白质多肽链的多样性去构建任意三维形状。

蛋白质通过何种机制折叠成特定形状并与其他蛋白质互相作用，要研究清楚这一点并利用它们的设计规律以原子精度设计材料，这可能实现吗？为了回答这个问题，我将简要地回顾，科学界为了理解蛋白质如何在细胞中折叠成稳定形状所做出的努力。有机体中的大多数蛋白质都具有恰当的天然构象，它们必须折叠成这样，否则有些与蛋白质折叠错误相关的疾病便会产生，其中有一些也许是致命的。（阿尔兹海默病和帕金森病都属于这种蛋白质构象病。）"无序的蛋白质"是这一图谱中的例外，而且实际上就是利用它们的无序性作为主要的功能特性，但我不打算在这里讨论它们。20世纪50年代，研究人员意识到，蛋白质的形状由它的氨基酸序列和环境因素决定。在正确的温度、pH以及盐浓度等条件下，氨基酸序列会自发折叠成功能性的三维蛋白质结构。[18]这是一项非常重要的发现，因为它意味着，如果有人足够聪明，那么根据蛋白质的氨基酸序列去预测它的形状也是可能的，这样就可以绕开那些用来确定结构的昂贵工序——这些工序需要通过X射线衍射仪、核磁共振仪（NMR）或冷冻电镜等操作实验完成。通过实验确定蛋白质结构，也许需要数周到数月乃至数年的时间，而且花费巨大，每个蛋白质的测定需要耗资大约10万美元。相比之下，蛋白质序列可以在非常快速的条件下确认。在美国国家生物技术信息中心的静态蛋白质数据库中，可以检索到超过740万个蛋白质序列，然而只有不到5.2万个蛋白质的三维结构已经被破解并上传到蛋白质数据库（Protein Data Bank，简称PDB，一个存有"已破解"蛋白质结构的国际在线数据库）。

　　但是这到底有多难？在计算机中模拟折叠的问题在于，未折叠的多肽链可能折叠的方法数量是一个天文数字：对于一个典型的小蛋白质而言，它可能的结构形态大约有 3^{300} 种，或者说是 10^{143} 种。比如说，一个由 100 个氨基酸组成的蛋白质中有 99 个肽键，每一个肽键都有三种稳定的构象，于是这条链会有 198 个不同的键角。如果这些键角中的每一个都可以是三种稳定结构形态中的一种，那么原则上这个蛋白质最多可以折叠出 3^{198} 种不同的结构形态（包括任何一种可能的折叠冗余）。如果一个蛋白质通过对每种可能性进行尝试达到它的最终形态，需要的时间就会超过宇宙的年龄，而且通过探索所有可能性，用算法计算蛋白质的形态可能需要更久的时间。然而，在真实的生命中，蛋白质会在几毫秒内自发折叠，足够小的话甚至只需要几微秒。

数年来的实验研究已经证明，蛋白质会折叠成一系列过渡状态（第 1 章中讨论的自然界中多层次构造策略在此处也是奏效的）。每一步，蛋白质都会折叠成相对稳定的形态（例如，以能量最低作为特征的一种形态）。这种相对稳定性阻止了它去探索未折叠状态下所有可能的结构形态。[19] 这种从蛋白质序列到三维折叠形态的多步进程，立即被那些寻找蛋白质折叠问题计算解法的科学家当作目标。多年以来，许多策略都已被尝试，并获得逐步的成功。但是这一目标依然难以达到；探究一条多肽链可以形成的所有形态，会消耗太多时间与算力。

一个重要的事实很快被激进的科学家发现，他们正试着解决这个看似不可能完成的任务：既然自然界中有 20 种氨基酸可以用来制造蛋白质，那么原则上来说，应该可以制造出多达 20^{200}

种典型尺寸的不同蛋白质。然而，地球上的生命体已经制造出来的蛋白质种类远小于这一数字，只在10^{12}这个数量级。自地球上的生命从单细胞生命起源之后，演化进程只制造出远少于可能性的蛋白质种类，而且实际存在的蛋白质在结构上是相关的。在对它们进行研究对比之后，科学家将这些蛋白质分为不同的家族。这也让我们能够通过对比数据库中其他已知结构的蛋白质，在一定程度上对那些结构未知但序列已知的蛋白质采取的合理形态进行预测。然而，这还不够；这个问题在没有蛋白质模板可供比对的情况下尤其困难，因为他们必须采取"ab initio"（物理中表达"从头计算"的术语）的方法。

多年以来，蛋白质折叠被认为是困难到无法解决的问题。但是研究蛋白质折叠的科学家群体已经非常善于合作，找到一些方法以便将这个无从下手的难题"拦腰劈断"。试着去平衡领域的终极目标与本地的竞争条件，这对研究人员的学术生存力而言并不容易。在物理学中，集体组织已经有了很强的历史渊源，比如欧洲核子研究组织（CERN）对希格斯玻色子的探索，或者大型国际天文学家团体组织的望远镜分享网络。但是，这些领域建立在巨大的研究基础设施之上，因此为了一个共同的目标，开展科学研究的地方促成了合作与竞争。

蛋白质研究群体发现了一个绝妙的办法，以刺激同时发生的竞争与合作：举办CASP（蛋白质结构预测评估）和CAPRI（蛋白质复合物结构预测评估）这两个两年一次的挑战赛。每过两年，CASP的组织者都会给计算蛋白质折叠的团体提出一项挑战：他们提出一个蛋白质序列，其结构已经通过X射线衍射或NMR等实验方法攻克。参赛者并不知道蛋白质折叠后的结构，但是CASP委员会知道。CAPRI则要求参赛者预测让两种蛋白质能够以特定方法结合在一起的相互作用。在2014年举行的第十一届CASP蛋白质折叠竞赛中，华盛顿大学的戴维·贝克团队提交了一份关于一种被称为T0806的大型蛋白质的预测结果，其结果与实验结构几乎完全相同。CASP的负责人还记得，评价预测结构的评估者在看到结构之后立即给他发了一封邮件："要么有人解决了蛋白质折叠问题，要么就是作弊。"[20]这一标志性的突破点，不只为预测蛋白质折叠开启了广阔的可能性，也为我们理解物质的方式带来一场真实变革。这是一个前后交替的时刻，不只是对生物学而言，也是对材料科学还有纳米技术而言。

戴维·贝克的团队并没有作弊。1998年，他们创建了一款计算机程序Rosetta，当时就已经做出比其他程序更好的预测，因为该程序非常善于发现短链蛋白质延伸成何种已知的合理结构。这些可能的结构在某种程度上模仿了天然蛋白质的折叠过程，可以被变得越来越精确的方法识别并测试。要实现这一点，需要巨大的计算机算力，因此该团队又接着创建了该程序的众包①版本Rosetta@home，在2005年上线。贝克追随了其他一些科学家的脚步，他们认为利用志愿者闲置的计算机算力是一个不错的

----

① 众包：一种工作形式，将工作分发给非职业的志愿者共同完成。——译者注

办法，可以提高科学团队的算力，也能够与公众保持交流，就像先行的"星系动物园"（GalaxyZoo）①或者Folding@home[21]那样。科学家越发意识到，业余科学家可以在家为科学进程做出贡献。到了21世纪，还有什么做科研的办法能够比让全世界参与更好呢？

目前，在Rosetta@home网络中，共计有超过6万台计算机，处理着超过210万亿个浮点运算。Rosetta@home还与计算机程序"Foldit"形成互补，后者允许玩家利用一组规则以及他们的直觉来确定蛋白质结构。当他们获得成功时，Foldit的玩家姓名也会出现在学术论文的作者名单中。如今，据估计已经有大约100万名业余科学家对蛋白质结构的解析或者蛋白质与药物或DNA的相互作用做出贡献。除了这些业余爱好者，还有超过400名专业的科学家不断改进着Rosetta软件。因此，该软件能做到对学术团体免费而对公司用户收费——这些收入又被投入科研。成功来自合作，还有与公众紧密互动的社群建设。我认为，从这一方法中学到的经验教训，或许比它带来的科学突破都更加重要。

贝克和他的合作者很快将最新的基因组学进展[22]融入他们的软件中，这让他们成功预测了T0806的结构。截至2011年，

---

① "星系动物园"是迄今为止天文研究中规模最大的一次普查活动，共有超过10万名志愿者参与，在接受短暂的培训后，这些志愿者借助相关软件，对星空图片中上百万个疑似星系进行确认。该项目自2007年开始，取得了空前的成果。——译者注

"ab initio"模型在大约8 000个没有现成模板的蛋白质家族中预测了仅仅56种蛋白质。在那之后,光是贝克的团队就已经添加了超过900种蛋白质,而且据估计,Rosetta的方法对4 700个蛋白质家族都适用。随着基因组可用数据大量增加,任何蛋白质结构都有可能在几年后被预测出来。

与这些努力同步进行的是,研究蛋白质折叠的群体已经应用他们的算法和超凡的计算技术确定两个蛋白质互相结合的方式,为一场药物设计的革命铺平道路,而这些药物能够与特定的靶向分子结合。作为人工智能的补充,这一计算科学史诗的自然演化帮助识别了折叠成功的路径,从过程中学习,并提高预测的速度。

技术进步正在按照预期的方式以惊人的速度发展(特别是从我们纳米技术的叙事角度来看)。一旦结构可以被预测,我们就可以反过来使用这个软件了:我们能不能想象一种自然界不存在的蛋白质,然后为了特定的目标将它创造出来?换句话说,我们能不能以原子精度设计出纳米尺度的物体,它能够折叠成预先确定好的形态,与水、离子以及其他蛋白质相互作用,甚至可以和其他蛋白质自行组装成更大的、预先确定好的结构?

重新设计"后演化蛋白质",如今已经成为蛋白质折叠研究者的任务,而这些研究者正在进化成蛋白质设计者。[23]首先得到的结果令人震惊。

北卡罗来纳大学的布赖恩·库尔曼是Rosetta软件的共同开发者,2003年他构建了一种球状蛋白质Top7,[24]这种蛋白质中被设计了一种自然界并不存在的折叠。蛋白质设计的大部分工作都集中在利用螺旋、折叠、小卷曲（可以在天然折叠蛋白质中发现的基本结构基序）编织成理想的蛋白质结构。成功的设计会被用来构建为它们编码的DNA分子，沿着生物系统中进行的过程反向操作。随后，含有定制蛋白质编码的DNA分子被植入微生物（比如大肠杆菌或酵母菌），在一个被称为"重组蛋白质表达"的过程中大量形成这种蛋白质。有的时候这个办法并不可行，而且计算机设计的这种蛋白质不能折叠成预测的形态，或者它们在被表达的时候就发生聚集。除了Top7以外，过去4年里还有一些蛋白质也通过这一方法被制备出来。科学家发现这些人工蛋白质具有极度的稳定性，而且它们具有和原始设计几乎一致的结构。

其他一些近期的活动集中在具备内部不对称性的蛋白质设计工作上，在这些蛋白质中，一个理想化的单位会重复很多次，最终得到一种即便在温度高达95摄氏度时仍然保持稳定的结构。克里克在20世纪50年代时开发的方程组，预测了蛋白质中存在"卷曲螺旋"结构，如今已经被用来形成理想化的平行或反平行束，它们具有不同长度、扭曲、相位以及方向。这一方法已经获得了部分成功，并且有一些设计已经实现了，包括一种能够结合在碳纳米管上的多肽（氨基酸短链或非常短的蛋白质）、平行自组装螺旋通道、蛋白质笼和离子转运蛋白。与之前一样，这些理想化的蛋白质非常稳定，在很高浓度的化学物质中以及高达95摄氏度的高温中也能保持折叠。

从纳米技术的角度来看，对蛋白质相互作用独特性与互补性的设计是更让人兴趣盎然的方法，即设计出一种蛋白质，它能够以正确的方向与其他蛋白质组装出任何需要的形态。DNA纳米技术的成功要归因于DNA碱基极度的专一性与互补性：G和C结合，A和T结合。这种专一性来自DNA碱基精细的分子设计，每一种碱基都有一组原子序列，准备好与它互补碱基上完美匹配的原子序列形成氢键。贝克的实验室已经证明蛋白质同样有可能这样做：他们设计出可以组装成延伸网络的蛋白质，借助以原子精度分布的氢键结合在一起。在不久的未来，利用与DNA的纳米编织很类似的"数字"方法，依靠模块化的氢键网络来编码蛋白质的专一特性，也是可能的。

迄今为止，蛋白质亚基之间的精确接口设计，已经允许构建自组装环状结构、正四面体、正八面体以及开放的二维组装体。蛋白质接口设计也可以被用来构造分别具有60个与120个亚基的单组分或双组分二十面体三维组装体。

蛋白质设计者已经在设想将人工氨基酸也纳入其中的可能性，以形成生物系统中不可行的折叠与功能。

重新设计蛋白质的主要限制是只有少部分定制蛋白质可以真正被微生物构建出来，因为在多数情况下蛋白质都不能溶解，或是会形成预料之外的折叠与结构。但是，计算与实验之间更紧密的相互作用，会引导我们成功解决这类问题中的一些，而且沿着这一思路深入，也许会产生探索更多应用可能性的新想法。

在这些技术能够被用于材料、医学设备的大规模制造以及电子元器件组装之类的其他应用之前，还是存在一些问题。其一，DNA以及蛋白质结构制备的规模放大；其二，很关键的是将纳米尺度与宏观世界连接起来的简单办法。

在取得这些进展的同时，合成生物学也已经发展出应用细菌与酵母菌这些微生物制造分子的技术。用西北大学迈克尔·艾森斯坦的话来说，合成生物学家"都乐于设想这样一个世界，我们可以利用生物学按需快速生产任何可再生的产品"。[25]合成生物学家与蛋白质设计者的共同努力，会促成蛋白质构建能力不断提升，而这些蛋白质具备各种特性。除此以外，制造具有明确序列的DNA大分子会变得成本低廉且容易。合成设备现在可以大量生产出具有几千个碱基对的DNA链，可以预期不久的将来，我们将实现简单地合成任何DNA——不管它的长度如何。这有助于利用微生物编织基因，用于蛋白质制造的进程。埃里克·德雷克斯勒在他1986年的著作《创造的引擎》中所预测的"固有富足"正在逐渐变为现实。

通过生物演化优化自身的纳米结构

通过计算设计合成纳米材料并借助演化进行优化的能力，也许听起来像科幻小说，但它其实早已是现实。[26]贝克的实验室已经设计并制造出人造蛋白质，它们能够组装成正二十面体结构，模拟真实病毒的结构。这些人工合成的衣壳可以包裹自己的

RNA基因组。该团队将大肠杆菌作为这种简化版本病毒的宿主，设法让这些人工结构演化了好几代。演化在血液中的稳定性以及体内循环时间等方面对这些结构进行了优化，赋予它们类病毒特性。这一让人难以置信的进步开启了许多新的可能性，从而创造了能够演化出所需特性的非病毒结构，用于药物输送和其他医学应用。此类人工合成的纳米器件将规避安全风险，也应对了成本与生物工程技术方面的挑战，而这些都是目前免疫疗法等使用真实病毒的医学应用领域存在的问题。

利用纳米技术制造仿生材料和仿生设备

如果未来我们需要创造一种材料，比如一种极度坚固耐用的材料，它可以生长并治愈由环境引起的损伤，我们或许就需要指望那些模拟生物系统多层次组织的策略了。仿生材料领域早已出现，[27]但是随着纳米技术发展与生物研究取得进步，这一领域正在飞快地发展。早期，仿生学的科学发现是通过对自然的偶然发现得来的；到了现在，这一领域正从材料科学与工程的角度，向着对材料性质与天然组织设计原则更加系统性的研究演进。重要的是，物理学和生物学之间的合作，使得越来越复杂的多尺度"多物理场"计算机仿真与模型成为可能，从而纳入关键的特性与材料（例如结构、硬度、化学反应性），这将为未来的设计与工程技术提供信息和启发。

多层次组织对于不同尺度间的信息传递很关键，对于生长、愈合以及在多细胞有机体中的适应性也很关键。为了生存与适应，它们利用纳米尺度的蛋白质、微米尺度的细胞，最终让整个组织与身体生长成不同的形状。比如说，骨骼的骨架由胶原蛋白及其他纤维蛋白编织成特殊的图案，矿物性的磷酸钙盐（羟磷灰石）可以在此沉积。通过将蛋白质与矿物质在纳米尺度下融合，骨骼实现了它的特殊机械性能——同时做到坚固与有弹性，能够对抗因敌人或意外引起的损伤及裂痕，并且为生长与重生做好准备。骨骼细胞（成骨细胞与破骨细胞）负责骨骼结构的构建与重构，共同监控骨骼组织的结构与健康，并对生命中的变化做出反应。有相当多的近期研究是关于多层次组织的，不只是骨骼，还有植物、贝壳、蜘蛛丝以及叶子与羽毛上的荷叶效应（超疏水表面）、蝴蝶翅膀的微米结构与纳米结构，以及节肢动物的外骨骼以及海绵的结构。虽然我们距离在人工材料中复制活体生命特性还很远，但是最初的仿生材料已经开始出现了。在哈佛大学，基于壁虎微米结构和纳米结构化脚底实现的范德华力，杰弗瑞·卡普的实验室正在研制医学黏合剂（壁虎生物医药公司已将其商业化）。其他一些研究者则在制造另外的黏合剂，例如模仿蜘蛛丝机械性能的黏合剂。2018年，一种能够优化纤维素纳米纤维排列的简单化学与机械工序，已经被证明有可能将一块木头转化为具有比钢铁更好的机械性能的高性能材料。[28]

最新的一项发明是水印墨水（Watermark，简写为W-INK），这种设备对生物体中发现的策略进行组合并使用，能够识别水中的水与杂质。蝴蝶翅膀的绚丽色彩，来自它们的纳米结构。翅膀的表面有细小孔洞组成的网络，这些孔洞的大小决定了其色彩。另一种动物——海星的近亲蛇尾海星，通过调整其背部按图案排列的光聚焦结构（类似于生物透镜）内的色素细胞，将其颜色从黑色转变为白色。哈佛大学的乔安娜·艾森贝格实验室将这两种策略组合，开发出了一种液体解码器，该解码器能够以光学方式对液体渗入化学修饰的微孔阵列进行响应。根据润湿工程化表面的不同液体，微孔结构会做出反应并产生不同的颜色，由此就可以确定这种液体的成分。该设备适合在掌中使用，不需要通电就可以发挥功能，已经自2013年起开始商业化。

未来设备：量子物理、生物学与纳米技术的相遇

自20世纪90年代以来，病毒已经被用于探索医学以外的技术用途。病毒包膜或者说衣壳，是由蛋白质按周期性排列组装而成。2016年，麻省理工学院安杰拉·贝尔彻的实验室，展示了如何在一个有序的生物病毒模板上，通过连接生色基团（集光分子）网络去提高太阳能转化系统的能量传递效率。[29]通过对病毒进行基因工程改造，他们可以改变图案中生色基团的空间位置，并且构建了内生色基团距离与能量输送特性之间的联系。通过这种做法，他们已经能够在室温下实现量子相干能量输送，并且能够调谐其效率（见图2.3）。[30]

这个例子展示了物理学中有关能量转化的前沿思想，是如何从植物的光合作用与物理学（这也被认为包含了量子现象[31]）

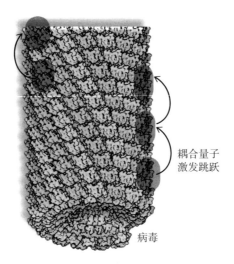

耦合量子
激发跳跃

病毒

图2.3 病毒进行基因修饰以通过量子相干性提高能量输送效率。在病毒被修饰以调节生色基团之间的距离之后，能量可以更快、更有效地从一组生色基团跳到下一组

中获得灵感的。在此之后，通过操作蛋白质阵列，纳米技术科学家能够创建出生色基团分子的图案，接近自然界中植物能够实现的效率。这些材料是一种"跨领域材料"（transmaterial），未来将会被制造出来以连接先进的物理学、生物物理学、生物纳米技术以及蛋白质与DNA纳米技术，从根本上提高技术性能。

　　下一章将会继续探讨"通过制造研究生物"的主题，不过是在不同的背景下：医学。在引言中，我解释了医学如何扮演了所有生物知识的整合者，而且从第1章与第2章中的一些案例可以明显地看出，医学应用通常是新研究灵感的来源。随着新技术出现，允许科学在纳米尺度上与物质产生相互作用，在一个被称为纳米医学的新领域里，很多人开始使用这些新技术解决我们这个时代的医学挑战，比如新型药物的开发以及它们的靶向输送，从而改进癌症的化学疗法。站在由医学中的科学融合带来的对我们健康进行理解与控制的变革前哨，我将在下一章讲述我对医学的过去与未来的看法。

第 3 章

医学中的纳米

几十年来革命性的药物发现（疫苗、抗生素、他汀类药物以及其他"奇迹药物"）带来了预期寿命空前的提升，也征服了很多疾病。21世纪初，我们看到了有效药物数量的急剧下滑，药物研究开始转向市场。为了应对这一令人担忧的失败，科学界启动了越来越复杂的新型多学科方法以改进药物开发，并且正在与纳米技术科学家的平行进展相融合。在这一章中，我将回顾纳米技术在药物设计与传输中的突破，以及它被如何寄予希望以改变治疗效果。除了规划与预期以外，我将调查关于纳米技术如何真正开始被用于提高前沿疗法成功率的早期案例，比如用于癌症免疫疗法、基因编辑以及基因递送。

药物发现简史与纳米医学的到来

20世纪以前，医学并不能治疗太多病症。在历经数百年乃至数百代人之后，古人发展了传统医学以及文化的其他方面：他们的语言、技术、书写系统，还有他们对世界的想象与解释。通过偶然的实验与观察，他们学会了识别草药、植物以及食物，以缓解他们的某种症状，并将这些已经获取的知识传递给后代。古代苏美尔人已经知道，用柳叶（其中含有"阿司匹林"）冲泡的茶可以缓解疼痛、发烧以及炎症，并在 4 000 年前将此记录在泥板上；[1]中国明朝时期，人们就已经知道使用甜苦艾（中文称为"青蒿"）治疗疟疾有效。[2]直到 20 世纪，人们才明白为什么许多这类传统的疗法是有效的，并从药用植物的活性化学物质中获取了有效且能够大规模适用的治疗方法。

现代医学发展过程中的一个关键点，出现在人类意识到并接受是"细菌"引发了很多疾病这一事实，并对此做出回应之时。在 17 世纪由意大利科学家进行初步研究之后（恰好伴随着显微镜的出现），直到 18 世纪 60—80 年代期间，路易·巴斯德和罗伯特·科赫才发展出广为人知并得到验证的细菌致病理论，而此时大多数人相信疾病是自然产生的。巴斯德不得不很有创意地设计了一个简单的实验，最终证明"不存在单一的已知环境，使得微生物可以像人们断言的那样，在没有孢子或类似它们的母代的条件下就进入这个世界"。[3]1867 年，约瑟夫·李斯特证明，通过洗手并清洗伤口、外科手术工具与手术室，医院里因感染造成的死亡率从 60% 降低到 4%。感染并不是暴露在外的血肉在与空气接触之后发生的化学反应，它是由细菌引发的。从我们 21 世纪科学快速发展的视角来看，很难想象仅仅在 150 年前医学还处于这种状态；这也是对变化速度很好的估量。清洁与消毒让这些挽救生命的手术变得有价值，而在此前，这些手术则因为感染的高风险而被排除在外。这也让分娩时母婴的死亡率有所降低。建立细菌与疾病之间的联系，也让巴斯德及其他科学家得以加速推动疫苗的开发：霍乱疫苗（1879年）、狂犬病疫苗（1882年）、破伤风疫苗与白喉疫苗（1890年）以及鼠疫疫苗（1897年）。

细菌刚刚被揭示并被认为是疾病的罪魁祸首，抗生素便开始被发现了，最初的报告出现在1877年。值得注意的是，亚历山大·弗莱明在1929年发现青霉素，这是他对一些细菌培养皿中生长出来的霉菌进行观察的结果。不过，要想推广青霉素，让每个人都能用得起，还需要有人确定霉菌中的活性物质并将其分离，证明它对人体无毒，再找到一种大量生产它的方法。

第二次世界大战在现代抗生素的发展中扮演了一个强力催化剂的角色。1938年，纳粹德国的难民恩斯特·鲍里斯·钱恩加入了牛津大学澳大利亚籍学者霍华德·弗洛里的课题组，研究天然抗菌物质。他们的兴趣引领他们重新认识了弗莱明针对青霉菌已经做过的工作。至于进行这项研究的动机，弗洛里这样说道："人们经常认为我和其他人对青霉素进行研究，是因为我们关注遭受苦难的人类。我不认为我们的脑海里想过受苦受难的人类。这是一个很有趣的科学实验，而且它在医学上可以有些应用，这让人非常满意，但这并非是我们开始对它进行研究的原因。"[4]我认为很大比例的生物研究都受到了医学启发，尽管弗洛里在这里与我的观点相悖，他还是重申了科学家喜欢重复的一些说法：天马行空的研究很重要，它会带来真实世界的重要改变。这是一个政策制定者与研究基金捐助者从不会长期关注的方面。

1939 年，在洛克菲勒基金会的资助下，弗洛里与钱恩带领一个由英国科学家组成的团队，识别出青霉素这种化合物，开启了最初的临床试验，并在霉菌生长的肉汤里成功实现了小规模生产。由于英国与美国政府都提供了帮助以确保药物有足够的产量，这一时机也有助于加快生产。在战争期间，牛津大学的团队得到了越来越多经济与科学上的支持，并且他们设法请来了史上最有才华的结晶学家之一多萝西·克劳福特·霍奇金——她后来成为牛津大学萨默维尔学院的研究员。在解密复杂分子的化学结构方面，霍奇金有着惊人的技能，而在当时计算机还不能进行复杂的运算。分子越大，需要进行的计算就越困难；这个过程必须重复很多次。如果最初的候选结构被证明不会形成与实验一致的衍射图案，就必须重复并优化大量的计算，直到发现一个好的匹配结果。

1945 年 5 月 8 日是欧洲的"二战"胜利日，多萝西·霍奇金穿过牛津大学庆祝的人群，手中握着由线绳与软木编成的精致模型。她已经解出了青霉素的结构，正打算去邓恩病理学院告知钱恩。钱恩在他的 1945 年诺贝尔奖获奖演讲中，讲到霍奇金解出青霉素的结构，不只对医学来说是非常大的成就，对于从 X 射线实验中确定化学结构也是如此："或者（这是）第一次，从 X 射线数据中计算出整个分子的结构，而且值得注意的是，对于那些具有青霉素分子复杂性的物质而言，这一方法也应该是可行的。"[5]对这种结构的了解，再加上合成有机化学的平行发展，最终开辟了创造与发展青霉素半合成衍生物（比如头孢菌素）的阳关大道，由此触发了抗生素疗法的发明。霍奇金是1964年诺贝尔化学奖的获得者。[6]就像弗洛里解释的那样："青霉素的发展是一个团队的成就，这些事情通常都是这样的。"成功来自科学家技术与观点的结合，他们在不同领域工作，脑中想着实现同一种应用。据估计，青霉素已经挽救了超过8 200万人的生命。

与生物学研究和X射线晶体学发展平行的同一时期，合成有机化学的进展在现代药物的发展过程中扮演着非常基础的角色。第一项成功是阿司匹林。人们在古代时就已经知道，柳属树木的树皮与树叶可以缓解头痛、疼痛和发烧。[7]1853年，法国化学家查尔斯·弗雷德里克·葛哈德确定了水杨酸的化学结构，并通过化学方法合成了乙酰水杨酸。1897年，在拜耳医疗公司工作的德国化学家费利克斯·霍夫曼可能是在亚瑟·艾兴格林[8]的指导下，给水杨酸接上了一个乙酰基，发现这样可以降低它的刺激性，于是拜耳公司为此工艺申请了专利。阿司匹林自此诞生。不过，直到1971年，人们才理解阿司匹林为什么能够有这么好的效果。伦敦大学的药理学教授约翰·文将阿司匹林的作用机制描述成对前列腺素合成的剂量依赖抑制，这也让他在1982年分享了当年的诺贝尔奖。

化学合成领域的飞速发展，让围绕新型"奇迹药物"发展起来的医药工业迎来几十年的成功，而这些药物也让有特权获取它们的那部分世界人口延长了预期寿命。1900年，美国有1/3的死亡由肺炎、肺结核与腹泻引起。1940年，因这些疾病造成的死亡率是1/11；而在2000年，死亡率则是1/25。抗生素以及治疗高血压甚至抗癌药物的出现，已经改善了数百万人的健康，提高了预期寿命。

合成有机化学在提纯并优化已知药物的活性方面尤其成功，这些药物在很多情况下都源于具有生物活性的天然产物（比如阿司匹林）。对于医药公司在20世纪开发出的大多数药物而言，分子只是被试着用来看看是否对治疗一些疾病有效，并不针对特定的蛋白质或受体。

自19世纪后期开始，一系列关键的见解与发现让科学家能够考虑药物设计策略的可能性，而不仅仅是在自然界或古代传统医学的编年史上寻找偶然的发现。其中一项重大进展是由保罗·埃尔利希在19世纪70年代推动的。埃尔利希是科赫一位朋友的学生，他最先认识到在细胞中有一些大分子扮演着"化学受体"的角色。在研究煤焦油衍生物（特别是染料）对活细胞的影响时，他提出寄生虫、微生物以及癌细胞上的特定化学受体与宿主组织的那些受体有区别，因此原则上说，它们可以成为"神奇子弹"[1]的目标。换句话说，埃尔利希发明了化疗。根据www.drugbank.ca网站的数据库，目前已经发展的药物治疗方法涉及大约60种蛋白质，其中70%是结合在细胞膜上的蛋白质，28%是酶；也就是说，这些药物的大多数分子目标都位于细胞表面。

---

① 神奇子弹（magic bullet）通常指抗体偶联药物。——编者注

阿司匹林的案例说明，探究一种药物为什么能起作用并不容易。这需要具备关于药物与身体中蛋白质以及其他分子相互作用的全面生物知识，而这方面的知识需要费时费力才能获得。针对某种特定疾病从头设计一种药物，甚至更加复杂。正因为如此，即便是到今天，大多数药物开发还都是通过试错法实现的。20世纪与21世纪的许多生化、生物以及分子细胞生物学研究，都与疾病的分子起源以及识别靶向分子从而杀灭病原体或异常细胞有关。即便靶向分子是一致的，开发药物以实现有效抵达并与靶点结合也仍然非常复杂。关于原子结构的细节信息正在呈指数级增长，计算机模拟与分析能力也是如此，但是"合理的药物设计与输送"仍然遥不可及，主要是因为生物结构的复杂性以及这一问题的多学科属性。20世纪90年代以来，制药工业很大程度上放弃了"合理设计"策略，转而开发一种基于小分子库合成以及在细胞培养物中进行高通量药物筛选的经验方法。这些方法用了复杂的机器人与生物技术，同时分析数千种化合物，它们合起来……需要更多的试错法。

但是通过"蛮力"寻找药物——测试所有已有数据库的化合物——也没能获得结果，也许是因为用来筛选的大型工业数据库缺乏化学多样性。打破僵局需要有新的想法。第1章讲到的全新定量生物学与数学模型、计算机技术、工程学以及纳米技术的整合，被寄予厚望，人们期盼这样能引领药物开发更上一个台阶，但是这一领域陷入了停滞。药物公司都很庞大，具有极大惯性，于是整个科学界都围绕着这一缓慢而昂贵的模式建立起来了。当机构与行动都规模巨大时，变革是非常困难的。不过，在21世纪，因为我们对疾病的生物学了解得更加深刻，更重要的是获得了对它们定量建模的能力，以生物学、物理学以及理性设计为根据对治疗提出新思路变得更有可能。此外，在纳米技术的帮助下，一些最有趣的进展正在多学科竞技场中形成。从物质科学中产生的技术与概念，有助于创造出对抗疾病的新模式，它不只包括化学与生物分子结构，也吸纳了物理学、工程学以及数学中的新方法。

抗生素耐药性与纳米技术

我们需要在21世纪发展出一种更合理、更灵活的新型医疗产业的推动力，或许会再一次源于细菌——源于它们对抗生素具有耐药性的能力。我们的大多数抗生素都以某种方式来源于真菌与植物的分子武器，这些武器是它们在天然生态系统中与细菌斗争了数百万年后开发的。经过数百万年持续而快速的演化之后，细菌已经产生了一系列令人吃惊的武器与策略，可以中和抗生素的威胁。细菌可以制造出酶，让抗生素药物失活；它们可以改变自身的表面或细胞壁，抑制药物的吸收；它们可以改变被药物定向的蛋白质、酶或受体；它们甚至可以活化药物外排泵，刻意地从细胞中提取并移除药物，如同只针对抗生素的分子真空吸尘器。

生物科学家已经发现，细菌通过两种类型的基因机制演化出耐药性。第一种是突变。细胞分裂时，细菌基因组中的DNA会自然发生突变。细菌特别倾向于突变，因为它们的基因组由单条染色体构成，也因为它们可以非常快速地分裂。通过突变，细菌可以"发现"并表达出一种扭曲的蛋白质，它可以阻止抗生素发挥功能，细菌因此而存活，然后将这种扭曲传递给它的子代。细菌也可以接入或传送一些被称为质粒的环状DNA片段，其中也许携带突变。一种可能是噬菌体病毒将先前被它感染细菌的质粒插入它的下一个受害者，这样遗传物质就通过转导从一个细菌传递到下一个细菌。不过，或许最强大也最惊人的武器还是接合作用。在接合作用发生时，两个互相之间物理接触的细菌会交换携带基因的质粒，而这些基因可以表达令抗生素失活的酶。通过这种方法，成为耐药菌株所需的信息可以非常快地从一个细菌传递给其他细菌。更糟糕的是，携带耐药基因的质粒可以在不同细菌之间跨物种传递，使得对某一种抗生素的耐药性会依赖细菌的种群非常快速且有效地广泛传播。细菌已经在地球上演化了数十亿年，在躲避几乎任何危险并适应任何环境方面，它们或许有最有效、最快速也是最聪明的解决方案。

传播携带抗甲氧西林（一种属于青霉素衍生物的抗生素）基因质粒的接合作用，是最著名的超级细菌MRSA（抗甲氧西林金黄色葡萄球菌）的主要怀疑来源。青霉素和甲氧西林通过弱化细菌的细胞壁起作用，最终的结果是细菌会破裂或溶解。在MRSA中，通过接合作用传递的质粒会解码出一种能够抑制甲氧西林与其结合的蛋白质。另一个案例是携带β–内酰胺酶表达基因的质粒。β-内酰胺酶会改变青霉素分子的结构，使其失去活性。对抗生素的应用乃至滥用开始于20世纪50年代，人们将其用于治疗人类疾病或者控制畜牧场牲畜的感染，如今已经制造了一场潜在的公共健康灾难：一个没有抗生素药物能够有效抵御感染的"后抗生素"时代。医药公司并不认为抗生素有值得进行研究与开发投资的经济价值，这些投资必须要以股东价值为评价标准。面对这一令人震惊的局面，全世界各国政府都在呼吁，并为寻找新模式与新药物的开创者提供赞助，避免像19世纪那样因感染而死亡的恐怖统计数据重现。识别更多具有抗细菌活性的天然化合物，修饰已出现的药物使其发挥新的效力，尝试已有药物的新组合——除了以上旧策略以外，新的多学科团队还着眼于发现新的模式与新的靶点，让细菌产生耐药性的过程变得更困难。

比如说，作为纳米技术的典型工具，AFM正在与超分辨荧光显微镜相结合，以研究细菌细胞壁上球囊的结构与组装。这些球囊由被称为肽聚糖的糖—氨基酸分子构成，是一种动态且适应性很强的结构，在对环境与信号做出响应方面至关重要，因而是一种对抗生素而言很有用的靶点。直到2013年，球囊的构造都还是未知的。[9]肽聚糖网络由环状导向的带状物质与更加多孔的网络结构交织在一起形成，已经有初步的假说解释细菌生长，或许可以引导我们发现新的抗生素靶点。包括我自己实验室在内的一些实验室，已经开发了能够测量细菌机械性能乃至电学性能的方法。对细菌物理信息的获取，为抗生素的设计开启了更多可能性。借助生物学与物理学相结合的知识，我们将能够开发出一些策略，比如瞄准球囊的构造图案、动力特征或其组装体，从而破坏细菌表面的硬度与静电性，而不再只是依靠靶向分子与生化路径。细菌会利用物理或化学的方法游动、黏附、交流并供养自身，由纳米技术与定量生物学形成的新知识，将会让我们得以前行，从化学物质的战斗升级成对耐药菌更综合的物理—化学战争。

首先成功识别并利用物理目标的抗生素设计策略已经由加利福尼亚大学洛杉矶分校的杰拉德·王实现，其目标是休眠细菌（bacterial persister）。休眠细菌减少自身的代谢活动，从而能够抵抗那些以控制生长过程为目标的抗生素，这些生长过程包括细胞壁、蛋白质以及核酸的合成。休眠细菌在抗生素治疗停止之后可以重新转向活跃生长的状态，正是通过这种办法，它们成为复发性以及慢性感染的主要因素，也是能够增加耐药性的耐药突变储备库。杰拉德·王的团队通过给妥布霉素这种已有的抗生素添加休眠杀灭性能，成功地制备出一种休眠细菌特效抗生素的原型。妥布霉素是一种强效的抗生素，但是在面对休眠细菌时活性有限。杰拉德·王的实验室团队决定利用细菌细胞外形与拓扑学相关的新知识对它重新进行设计。

在过去5年里，杰拉德·王的实验室所做的一些研究与模拟已经证明，在细菌中，纳米负高斯膜弯曲（一种用数学测量曲率的办法）在拓扑上对于膜渗透性是有必要的，比如孔隙的形成。该实验室展示了形成这种纳米膜弯曲的能力，它被"编程"到一些多肽序列中，通过这种方法，这些多肽物理特性的模式便与膜弯曲变化所需的几何特性关联起来。用上这个模型之后，他们在妥布霉素中加了一段由12个氨基酸组成的负高斯曲线形成序列，设计出了"Pentobra"。他们有效地构造出这种多功能抗生素，其中结合了多肽的膜穿透活性与药物对蛋白质合成的抑制特性。2004年，他们称Pentobra对膜有穿透作用并保持了很高的抗生素活性。或许正是这两种机制强烈地相互作用，才使得这种抗生素如此强大：Pentobra对大肠杆菌与金黄色葡萄球菌菌株休眠细胞的杀灭效率，可以达到妥布霉素的1万~100万倍，而且对真核生物保持无毒状态。这一结果提出了一种很有希望的策略：在一个分子中组合好几种策略以革新传统的抗生素。2015年，他们证实了Pentobra在治疗细菌感染痤疮中的成功应用。

杰拉德·王的实验室主页不只总结了他科研工作的哲学，也归纳了出现在21世纪的这些新型生物学模式的本质——学科融合："我们使用了广泛的工具，包括同步X射线散射仪与光谱仪、定量光学显微镜、微流体系统、机器学习以及'大数据'方法、X射线与电子显微镜以及激光扫描共聚焦显微镜……我们的合作者不只是生物工程师，还包括医学博士、生物学家、物理学家、化学家以及材料科学家。"

另一个策略是寻找最根本的新方法，从一开始就阻止抗生素耐药性的演化。这通常包括设计具有特定属性的纳米颗粒，使其对有害的细菌同时具有致命性与选择性。细菌相比于大多数细胞而言，更多时候是带有负电荷的，因此带正电荷的聚合物会在它们的表面聚集。研究表明，能够在体内自组装的聚碳酸酯纳米颗粒，可以穿透并分割细菌的细胞壁与细胞膜，从而杀死这些微生物。[10]聚碳酸酯材料具备生物可降解性：它可以被体内的酶分解，这样就不再容易聚集。在一小段时间后，纳米颗粒与组成它们的聚合物可以被重新变为无害的副产物，这些副产物只有很低的分子量，可以被轻易地清除。[11]这些聚合物非常便宜，也很容易生产，并且具备明显的潜力成为未来的抗感染战士。

在青霉素成为首选抗生素之前很久，银也被用作一种抗菌材料。希波克拉底（古希腊著名医生）早在2 400年前就讨论过使用银处理伤口了。20世纪早期，银被用在滴眼药中和缝线处，而在第一次世界大战期间，士兵们使用银叶子处理感染的伤口。尽管现代研究已经证实，在多数类似的条件下，银作为抗菌剂是无效的，但是它早期的用途还是启发了科学界对银纳米颗粒抗菌特性的研究。21世纪大量的研究已经表明，银纳米颗粒确实具有广泛的抗微生物、抗真菌与抗病毒特性；他们证明银纳米颗粒在杀灭诸如大肠杆菌与铜绿假单胞菌等细菌时是有效的，包括具有抗生素耐药性的菌株。它们杀灭细菌的精确机理还是有争议的课题：是因为它们的形状、它们的尺寸，抑或是它们释放出来的银离子对细菌造成破坏，又或者是这些原因的组合？抗菌纳米颗粒的很多应用正在被研究，并且它们在消费品中已经很常见，比如袜子、地毯还有狗用的喝水器中都有使用。[12]然而，人们也担心它们对人类、动物以及环境的毒性，在欧洲、美国以及亚洲，科学家已经就这些问题开展了广泛的研究。

2015年，有研究团队报道了一种利用木质素的替代品。这是一种环境友好的方法，木质素是存在于木头与树皮中的一种天然聚合物。[13] 木质素纳米颗粒中被注入了银离子，并涂覆了一层聚合物，使得它在接触水的时候带有正电荷。这项工作证明，利用"绿色化学"（化学领域的一个新分支，以开发出避免污染并降低不可再生资源消耗的技术）的原则，构建出一种同时具备抗微生物高活性与低环境影响的纳米颗粒是可行的。

利用纳米颗粒开发抗菌剂，这种策略的另一个有趣之处是细菌不会在人工纳米颗粒的环境下进行演化，因此它们可能更难以演化出耐药性。最新的研究已经证明，涂覆聚合物的纳米银颗粒具有很强的抗微生物活力，细菌无法演化出耐药性。这些颗粒似乎可以促进伤口愈合。[14]

在开发一种能够阻止细菌耐药性发展的全新抗生素时，还需要克服很多障碍。这也是21世纪抗生素研究面临的挑战。科学界现如今利用生物学、纳米技术、物理学、化学、工程学、数学以及计算机科学的工具，在越发多学科并国际化的团队中创建出新的策略并发现新的模式。这些工作中另一个显著的创新，就是实验室中正在进行的"负责任"科学研究，以避免出现破坏环境之类的意外后果。

利用定制化蛋白质进行药物合理化设计

现代对于药物合理化设计的努力不只是局限在抗生素中。前一章介绍的新型蛋白质设计者具有很强的驱动力，利用他们最新获得的力量去设计新的药物。基于点对点计算的平台Rosetta@home的计算方法，在2011年由华盛顿大学戴维·贝克及其团队投入应用以设计出新的、未在自然界发现的抗病毒蛋白。这些人造蛋白质瞄准流感病毒表面的特定分子，其目标是阻挡病毒对细胞的侵入以及它的繁殖。他们的方法可以被视为一种类似于制造小型航天飞机的做法，这种"航天飞机"能够破解密码并与敌方的"空间站"对接，然后将其摧毁；只不过要想对病毒这样做，就必须在原子尺度设计对接机制并编码。为了设计出一种能够以多种流感病毒毒株为目标的蛋白质，研究人员需要进行差不多80轮计算工作，随后通过酵母菌细胞培养将其生产出来。[15]该团队最终获得成功，2016年，他们证明了他们的分子比"达菲"（一种流感特效药）的效力高出10倍。[16]这种定制化蛋白质可以与病毒表面的分子牢牢地结合，因此该实验室称其为"流感胶水"。它非常小也非常稳定，这样就能够被配制成气溶胶通过鼻子输送到肺部。通过反复将这种抗病毒蛋白输送到小鼠的肺部，研究者证明它是安全的，并且能够保护动物，避免其被致命剂量的流感病毒侵犯。在小鼠实验中的初步结果似乎可以说明它不会引起任何明显的免疫应答。现代生物医药研究中的一个通用动作是，一旦有个想法看起来有潜力，就会有人试着将它转向产业活动。亚伦·希瓦利埃曾是贝克实验室的一名博士生，如今则是西雅图生物科技公司"Virvio"的一名主管，该公司正努力将这种蛋白质商业化，使其成为一种通用的抗病毒药物。

除了杀灭病毒，蛋白质设计研究所（由华盛顿大学在2012

年设立）的贝克团队已经发现，他们的这种定制蛋白质可以检测病毒。他们将"流感胶水"插入一种低成本的硝基纤维素纸膜中，制成非常灵敏的病毒感染检测试纸。他们的试纸可以做到，单个鼻咽拭子上不到100个流感病毒颗粒即可被探测出来。

针对疾病设计蛋白质的能力也激发了学生们的创造力。2011年，华盛顿大学的一名学生在年度国际基因工程机器大赛（iGEM）中获得总冠军。在英格丽德·斯旺森·普尔茨的率领下，学生们利用贝克实验室的计算设计能力对一种酶的特异性进行再设计，这样它就可以在胃的强酸性环境下瞄准并分解谷蛋白。他们将这种被他们修饰后的kumamolisin蛋白酶①称为KumaMax。2015年，他们又制造出了KumaMax的升级版Kuma030，可以在精确的位置破坏谷蛋白，而研究者已经知道这些位置可以导致乳糜泻患者的小肠出现不恰当的免疫应答。Kuma030在胃中具有足够高的活性，能确保饭前吃下一小片就可以完全破坏任何无意间吃下的谷蛋白。如今，Kuma030已经由一家派生公司进行开发。

现在，设计并构建蛋白质的力量也被应用在疫苗的开发上。2010年，贝克的实验室证明，利用Rosetta软件将蛋白质设计成与艾滋病毒（HIV）某些部分相似的形态，当它们作为疫苗被注射到动物体内后，它们就会促进能够中和HIV的抗体的生成。2014年，利用同样的策略，他们构建了一种新的蛋白，可以对呼吸道合胞病毒（RSV）产生免疫作用，这种病毒对婴儿与老人

① kumamolisin也写作kumamolysin，是一种从枯草芽孢杆菌中提取的蛋白酶。——译者注

来说尤其致命。[17]

大多数这类新的设计蛋白质都还在进行动物实验，以评估它们的药效、副作用以及可能的毒性。开发一种药物并使其达到适合用在人体中的地步，这需要进行多年的前临床及临床试验；很多策略都不得不被放弃或重新设计。但是通过所有已有知识资源获取的这些技术与想法的结合，在未来几十年里有望带来大的突破。

用于可编程化学合成的DNA纳米机器人

上一章介绍的DNA纳米技术科学家，自2002年起已经研究并构建出分子组装体，[18]这些分子组装体可以被编程从而构建出任何所需的大分子，也包括蛋白质。这与药物开发紧密相关，因为开发新药的瓶颈之一就是化学物质数据库中分子多样性的匮乏，而扩充这些数据库需要新的合成方法。化学合成通常由几种物质之间的一系列化学反应实现。实现这一点，对于构建足够数量的大分子而言是非常困难的。实际上，生物需要分子组装器核糖体，以构建出所有活体组织的蛋白质。最近一些年，受核糖体启发的DNA纳米机器人正在被开发。未来这些分子尺寸的组装器会具有可编程性，从而能够构建出任意所需的分子。核糖体能够从一摊连接了RNA的氨基酸中挑选构造模块，并利用信使RNA分子程序定义的序列将它们连接起来，由此构建有机体中的所有蛋白质。通过模仿核糖体"一段接一段"的组装方法，

DNA纳米技术科学家在构建复杂分子方面变得越来越轻车熟路，他们利用DNA链以及它们的相互作用把反应物都拴在一起，这样它们就能够以正确的顺序和正确的朝向相遇并反应。DNA组装件可以被设计成根据DNA编码的程序自动演化。[19]尽管利用DNA或其他分子组装件实现化学物质的产业规模生产，还有很长的路要走，但是实现这一目标的路径已经被找到了，而且在未来的数年里这一进程将会加快。

用于靶向输送药物的纳米技术

即便一种药物是有效的，想要把它送到正确的位置，也非常困难。事实上，随便一种药物的大多数副作用，都是因为药物扩散到身体中那些并不需要它们的位置。就以胰岛素为例，这是一种帮助身体控制血液中葡萄糖数量的激素。在健康的个体中，当血液中的葡萄糖水平上升时，胰岛素会由胰腺中的胰岛β细胞分泌。胰岛素的主要目标是肝脏，而肝脏可以移除血液中的葡萄糖，并将其转化为糖原（或脂肪，或两者都有）。胰腺释放的胰岛素也会作用于脂肪组织与肌肉组织，以刺激其对血糖的吸收。糖尿病患者不能产生足够的胰岛素（1型糖尿病），或者他们的细胞变得对胰岛素免疫（2型糖尿病）。对于这两种病症，通常的治疗策略是监控血糖水平（这需要进行验血）；通常的治疗方案是给予胰岛素。尽管医药公司非常努力，生产出一种有效的口服胰岛素制剂却非常困难，因为肠壁是非常难以穿过的障碍；因此令人痛苦的是，仍然只能通过注射的方式摄入胰岛素。注射胰岛素主要的并发症在于，大多数药剂并不能抵达肝脏，这就意味着病人在用胰岛素治疗时会产生很多副反应，包括增重、微血管疾病、肾衰竭、心血管并发症、致盲以及治疗中的问题——甚至还有截肢。据国际糖尿病联盟估计，大约有3.82亿人（相当于世界上所有成年人中的8.3%）患有糖尿病，其中包括1.75亿人患有糖尿病但还没被诊断出来。这一数字还会持续上升，在一代人后达到5.92亿人，而注射胰岛素依然是主流的治疗方法，尽管它令人并不满意。

另一个案例是癌症化疗。我们大多数人都与某个曾经经历过化疗剧烈折磨的人相熟。这种疗法如此惨无人道，其原因是为了清除癌细胞，药物就必须以有效的浓度抵达这些癌细胞处。不幸的是，要想实现这一点，主要的方法是提高剂量，这就会带来一些副作用，从而导致这种治疗方法变得如此恐怖：疼痛、腹泻、呕吐、血液病、神经系统受损、器官受损、不孕不育、认知功能障碍、头发掉落等。

经常出现的情况是药物根本不能抵达目标。大脑就是一个特别困难的部位，它被一种几乎无法穿透的血脑屏障保护着。从治疗的角度来说，这就导致脑部疾病的治疗非常棘手。

药物输送是我们这个时代面临的主要挑战；幸运的是，这个问题已经进入多学科方法的视野，而这一方法正在重塑着生物医学研究。特别值得一提的是，具有定制化物理与化学特性的纳米结构材料，正在被研究作为选择性与到达目标等问题的巧妙解决方案。原则上来说，一个很小的纳米颗粒具有足够的空间，以植入那些在更小的分子上无法实现的特性。比如说，纳米结构具有瞄准不止一个受体的潜力，这样就可以延续其在血液中有效的时间，并且/或者克服物理屏障（比如肠壁阻隔或血脑屏障）。此外，有一大堆问题需要被解决：微粒在与血液或其他体液接触时的聚集问题；它们在错误位置积累的问题；它们在活体内的化学组成发生改变；免疫系统对它们的应答；肝脏、肾脏以及免疫系统细胞对于任意尺寸或形状的外来材料的处理；还有它们潜在的毒性。

有一个相当有趣的发现：纳米颗粒似乎会在肿瘤组织中聚集，其程度远远高于它们在正常组织中聚集的程度。1986年，这一发现在日本被报道，[20] 现在这或许已经成为纳米医学领域中被引用最多的文献。这就是传奇的"高通透性和滞留效应"，简写为EPR效应。为了生长，肿瘤会在其周围形成血管网络（这一过程被称为"血管生成"）；然而，肿瘤血管一般都是不正常的。它们血管壁的细胞并没有很好地排列，并且有一些小的缺陷与孔洞，由此纳米颗粒可以从血管壁流出（渗出）并在肿瘤组织中聚集。

利用EPR效应以及其他一些更复杂的策略制造出纳米颗粒，然后选择性地探测并摧毁癌症细胞，这一可行性已经让研究者开发出无数种纳米颗粒（一般是由脂质分子、聚合物或金属衍生而来），其中设计了特定的尺寸、形状以及表面的化学与物理属性，并编入了具有极度丰富生物与医学功能的程序。纳米颗粒可以装

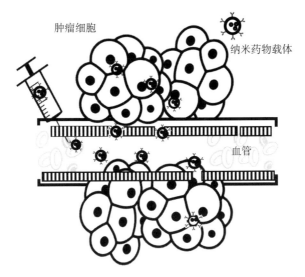

图3.1　药物的纳米载体。被动组织靶向是通过增强肿瘤血管的渗透性（EPR效应）使纳米颗粒外渗实现的。主动细胞靶向的实现，则是通过配体对纳米颗粒表面进行功能化修饰以增强特定细胞识别与结合。纳米颗粒可以在非常接近靶向细胞时释放它们的内容物；也可以与细胞膜结合，成为细胞外的缓释药物库；或者内化到细胞中

载药物，以实现治疗性化合物更有针对性、更集中的输送。如果使用的是生物可降解颗粒，那么它们还能长时间保持缓释活性。有一些系统（比如基于聚合物的纳米结构）已被证实可以自组装以瞄准癌细胞，由金属或其他无机材料制成的纳米颗粒可以定植在肿瘤中，当用光照射或暴露在磁场中时，会产生足够的热量清除掉肿瘤细胞。其他一些纳米颗粒会携带一种或多种造影剂，这样就可以被MRI（磁共振成像）监控，当它们抵达目标之后，可以通过一种开关将药物释放——这些开关可以是pH值变化或酶催化剂。纳米颗粒可以表现为诊断与治疗的药物结合体，这就属

于现在所说的诊断治疗学。分子组装技术也可以被用于组装多功能的纳米系统，比如具备瞄准肿瘤并促进其从身体中被清除的功能的系统。

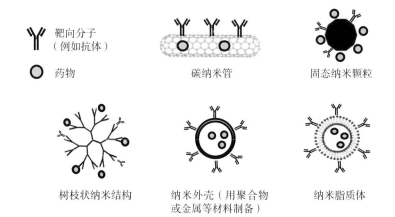

靠向分子
（例如抗体）

药物

碳纳米管

固态纳米颗粒

树枝状纳米结构

纳米外壳（用聚合物或金属等材料制备）

纳米脂质体

图3.2 已经被开发出的一整套药物输送系统。这一系统很典型，它包含了：一个纳米载体（纳米颗粒、纳米外壳、树状高分子、脂质体、纳米管等），一个结合在纳米载体上的靠向分子，以及一个被载体（比如化疗药物）

很多研究已经证明，纳米颗粒可以在体外（在实验室的细胞培养皿中）检测出癌细胞并将其杀灭，在体内以及小鼠模型中也是如此。然而，已被转化为临床应用的这类纳米颗粒很少，尽管在全世界范围内，对于这种能够摧毁肿瘤的"神奇子弹"，已有大量学术性工作以及初创企业的热捧。2016年，《自然综述：材料》出现了一篇很有争议的文章，其中研究了所有可被获取的文献，试着去理解为什么所有这些研究与期望都没有能够转化成医药方面的应用。问题似乎出在大多数情况下纳米颗粒都不能抵达一个真正的肿瘤。注射后的纳米颗粒，大部分都在肝脏、脾脏和肾脏被终结了；[21] 身体正在履行着它的职责——这些器官所扮演的正是从血液中清除那些外来的物质与毒素的角色。这表明，研究人员或许不得不利用纳米颗粒控制这些器官的相互作用。可以确信的是，要抵达每一个器官或组织，需要最佳的颗粒表面活性、尺寸或形状。一种可能的策略是通过改变纳米颗粒的表面或其他特性，使其能够在身体中对各种情况做出动态响应，就像自然界的蛋白质所做的那样。这也许可以避免它们被肝脏过滤出来。

当然，最终还是需要更多有关药物输送的生物学与物理学知识才能破解这一难题，而不仅仅是改变纳米颗粒本身的特性。纳米药物失败的地方，不过是那些更传统的治疗方法同样失败的地方。为了尝试更快地进步，纳米医学的研究人员正在纵览身体中纳米颗粒与蛋白质的表面所表现出的实际物理与化学特性。或许为了实现目标，科学界需要集中力量，基于有关药物输送问题更广阔也更承前启后的观点，协调配合执行一个长期策略。就像前面一再展现的那样，困难的生物学问题需要多学科方法与协同努力。合作可以与建设性组织竞争的方式携手而行，正如第2章里提到的那样，我们看到由蛋白质折叠研究者创立并为他们服务的竞赛非常成功。

如今，我们不能控制纳米颗粒在体内的传输，这显示出应用纳米技术诊断并治疗癌症的主要局限。当然不只是癌症，也有糖尿病、心血管病或其他任何纳米技术被寄予厚望并投入大量预算的疾病。为了取得更大的突破，对于纳米颗粒与身体器官和组织之间的多尺度相互作用，研究人员还需要理解比今天多得多的知识。

工程师能够以多快的速度发明纳米颗粒，多学科方法就以同样的速度将新数据库的力量汇总起来；先进的成像与生物传感技术，可以跟踪纳米颗粒的运动以及它们与细胞、组织和器官的相互作用；还有基于合理的定量机械模型，从大数据分析到人工智能算法最优秀的计算技术。上述这些，还有它们爆炸性的协同作用，对于实现这一突破而言都是必需的，但最重要的是，好的策略与好的负责人才是成功的关键。

好消息是，纳米颗粒在癌症药物输送方面最大的局限正在转变为优势，体现在对抗这一疾病最有希望的前沿领域之一：癌症免疫疗法。

增强癌症免疫疗法的纳米技术

在过去的两年里，报纸上有关癌症被奇迹般治愈的新闻已经让读者感到吃惊。这些事例是基于免疫疗法实现的，而免疫疗法是针对癌症及其他病症的一种新型治疗方法，寻求途径释放并增强病人自身免疫系统的能力，从而检测并摧毁恶性细胞。自20世纪40年代末最早的化学疗法开始发展以来，这无疑是最有希望的一种新的癌症治疗方法。免疫疗法正在带来一场医学革命：据估计，目前癌症临床实验中有一多半都包含某种形式的免疫疗法。

　　尽管这些结果都是新的，其背后的想法却不完全是灵光乍现。就像现代医学中的多数故事那样，免疫疗法的叙事结构要从19世纪末的细菌开始说起。[22] 1890年，美国骨外科医生与癌症研究者威廉·科利，因为他的一位病人死于肉瘤（一种会影响软组织的癌症）而感到煎熬，又在无意间注意到一位肉瘤患者在被细菌感染皮肤之后，肿瘤却消失了。这时大约是巴斯德与科赫发现微生物与感染作用的20年后。科利发现，有关人体在经历一场感染之后癌症会"同时消退"的现象，在文献中的案例可以追溯到数百年前。他自己的发现似乎可以被这些早期的发现证实，于是他建立起一个假说：感染会启动身体中某种免疫应答，从而改善了癌症患者存活的结果。基于这一假说，他开发了一种令人吃惊的疗法：他用化脓性链球菌感染了癌症患者。在很多情况下，他使患者得到康复。多年之后，他完善了自己的方法；最终，他意识到并不需要完全存活的细菌就能对免疫系统产生预期的效果，从而实现了更安全的治疗方法。通过加热杀灭细菌并提取出细菌蛋白质，将其用于清除癌症时就和活着的细菌一样有效。这有可能避免使用活细菌时必要的感染步骤，而这一步骤具有潜在的危险。他还发现，通过在治疗时加入第二种细菌，可以大幅改善结果。他治疗了数百个病人。1999年，一项科学研究对比了他的结果与现代治疗的结果。他的结果居然更好。科利治疗的肉瘤病人中有50%的生存期超过10年，相比之下，现代治疗方案的这一比例却只有38%。科利的病人在卵巢癌和肾癌方面的 10 年存活率结果也更好一些。

科利所做工作的主要问题是，当时很难把这一方法标准化。科利对此很擅长，但是培训其他医生这样操作时，并非一直都能成功，这主要是因为深层的生物机制还没有弄清楚。到了 20 世纪中叶，化疗与放疗被确立为癌症的标准疗法，科利的方法就被人们普遍遗忘了。[23]

在过去数十年里，免疫系统方面的科研出现了井喷，由此形成了对癌症如何发展的更深理解，并启发了一些新方法将其阻止。最近媒体报道的一系列治疗癌症空前成功的案例，就应用了由这些工作揭示的肿瘤与免疫细胞之间复杂的相互作用。和目前大部分生物医药研究一样，这一过程是相互学习的产物：免疫系统刚刚将它的复杂性教给研究者，研究者就找到一些技巧，告诉免疫细胞如何更高效地利用这些能力。通过利用他们掌握的关于免疫系统的知识，科学家可以帮助免疫系统更明确地瞄准疾病。

在科利策略的现代版本中，免疫学家卡罗琳娜·帕鲁卡利用一种基于树突状细胞的疫苗协助治疗拉尔夫·斯坦曼的胰腺癌。斯坦曼正是树突状细胞的共同发现者，[24]这一发现也为他赢得了诺贝尔奖，但宣布时间是在他离世后三天。[25]我们现在知道，免疫性是适应性免疫系统（对每种抗原具有特异性；抗原就是能够诱导宿主做出免疫应答的分子）与先天免疫系统（不具备抗原特异性）之间复杂的相互影响。适应性免疫系统中的 B 细胞与 T 细胞具有受体，其受体能够以很特异的方式识别抗原。树突状细胞是先天性与适应性免疫应答之间的联络细胞。为了对癌症产生免疫应答，机体需要树突状细胞为T细胞呈递癌症抗原。但是癌症会创造出一种环境来抑制T细胞。树突状细胞疫苗的目的是激活肿瘤特异性T细胞，这些T细胞不仅可以对抗已经存在的癌症，还可以诱导免疫记忆，以控制癌症的复发。

为了对斯坦曼进行治疗，帕鲁卡从斯坦曼的血液中提取了作为树突状细胞前体的细胞，在实验室里将它们活化，并在其中装入了肿瘤抗原与佐剂[26]，然后把这些细胞注射回斯坦曼的体内，期望这些细胞可以活化肿瘤特异性T细胞。斯坦曼在8个月的疗程里接受了8次这种疫苗的注射，配合化疗一同进行。他在被确诊之后活了4.5年，超过95%的同种疾病患者。

有一些报告的结果令人震惊：处于这一疾病晚期的病人实现了完全的康复。但是，很多其他病患的癌症并没有响应，而研究人员正努力地理解其原因。[27]大多数免疫治疗方法，特别是那些针对实体瘤的，目前为止只让少数病人受益。

近来的研究表明，纳米技术也许会帮助克服目前免疫疗法策略的一些局限。[28]举个例子，为了实现稳定的抗肿瘤反应，将每一个树突状细胞与抗体和佐剂同时接触就非常重要——佐剂是增强免疫应答的助推物质。目前，抗体和佐剂都是作为独立的药物给药的，这就存在弊端，因为一些树突状细胞只能接触其中一种。将抗体和佐剂进行"共胶囊化"，包在同一个纳米颗粒中，能够将它们同时输送到同一个树突状细胞，这就可以给T细胞带来更有效的活化。在纳米颗粒中同时填入抗体与佐剂作为储备也是可能的，这样就能够在一个更长的周期内释放分子；这么做可以避免强化注射，也能够提高治疗的效率。

　　尽管实验室中小鼠体内经常可以诱导出强烈的T细胞反应，大型哺乳动物却很难实现这一点。但是，纳米颗粒疫苗在非人灵长类以及人类身上的初步试验，表现出与小鼠实验非常相似的结果，这表明纳米颗粒疫苗可能成为一项重要的突破。[29]

　　将纳米颗粒瞄准树突状细胞，远比将它们瞄准肿瘤细胞容易。因为这些细胞在尺寸上接近于病原体，像树突状细胞这样的免疫系统细胞就会将它们直接带走，以吞噬病毒的相同方式，将这些纳米颗粒吞噬。

　　纳米颗粒还表现出其他优势。它们在脾脏（以及其他淋巴系统中的次级器官）中自然地聚集。对于某种特定肿瘤的靶向而言，这是一个问题，但是在免疫治疗中这是一项优势，因为脾脏中有很多树突状细胞。况且，脾脏这样的器官不同于实体肿瘤，不会呈现复杂的生理屏障以阻止纳米颗粒抵达目标细胞。利用纳米颗粒，通过筛选不同类型的抗体，瞄准不同类型的树突状细胞也是可能的；通过这种方法，有可能同时诱导出细胞免疫和体液[30]免疫应答。通过延长它们在肿瘤部位的滞留时间，纳米颗粒也可以被用来在肿瘤的本位环境中制造免疫应答，这样可以降低对患者的毒性，并允许使用大剂量的强力免疫刺激分子，同时仍然促进全身的应答。

　　麻省理工学院的科学家成功地将含有佐剂的纳米颗粒黏附到了T细胞的表面，构建出"治疗载体"，在T细胞对肿瘤的清除过程中获得了更好的结果。[31]这一发现已经进一步发展：将载有免疫刺激药物复合体的纳米颗粒固定到过继转输T细胞（实验室提取并放大的肿瘤特异性T细胞，会被注射回宿主体内）的表面，诱发了小鼠肿瘤中的免疫应答，比单独装药获得的效果更好。这些药物可以帮助T细胞克服肿瘤在生长和扩散时为了保护自身而发出的免疫抑制信号，但是从系统性角度来说，这些药物的毒性都很大，而且不是非常有效。通过将它们富集到T细胞的表面，完成这项工作的研究者证明基于纳米颗粒的策略可以更有效。[32]

林文斌（音，Wenbin Lin）已经设计出尺寸处于20~40纳米区间的纳米颗粒，装入光敏化学物质，并用特殊的外壳进行包覆，让它们得以在血液中存续很长时间并发现肿瘤。一旦这些颗粒渗入它们的目标，用近红外光照射肿瘤，就会触发化学反应使细胞破裂。破裂后的肿瘤细胞会将它们的抗原暴露给树突状细胞，使附近的T细胞产生强有力的抗肿瘤反应。这些纳米颗粒已经被成功地应用在患有结肠癌的小鼠模型中，最近还被应用于乳腺癌的治疗——这是一种对目前的免疫疗法通常没有反应的癌症。由这些纳米颗粒激发的免疫应答不是只局限在最初的肿瘤部位，转移瘤同样会被清除。[33]

用于基因编辑与基因递送的纳米颗粒

利用CRISPR（规律间隔成簇短回文重复序列）技术进行基因编辑，也已经成为全世界报纸的头条新闻。在这一案例中，医学研究的工具也来自细菌。CRISPR是一段DNA序列，细菌用它来标记不属于细菌但是已经插入其基因组的任意DNA片段的起始端与末端，比如来自病毒袭击者的DNA片段。细菌的Cas酶识别CRISPR DNA标记并与它们结合，从两端将外源DNA元素切除，从而有效地将外来的基因信息剔除。这是细菌免疫系统的工具。

CRISPR/Cas系统是生物科学和生物医学领域的规则破坏者，因为它可以被用来在其他生命体中借助Cas蛋白质切除并替代DNA的特定部分。这种技术的潜力十分惊人，它可以被用来纠正基因疾病，以及开发抗虫作物和不携带疟疾的蚊子，还有很多其他应用。

就像我已经讨论过的大多数疗法那样，基于CRISPR/Cas基因编辑疗法的成功，依赖于治疗材料被有效输送到身体中需要其发挥作用的部位。否则，治疗方法要么无效，要么有毒，甚至两者兼备。在这种情况下，被载物必须被输送到细胞内部，这不是一个简单的任务。细胞通常会将外来的物料包裹在脂质的膜囊中，也就是所谓的核内体中，从而将它们隔离。核内体不可渗透，因此困在其中的药物是无用的。将核内体打破，是所有针对细胞内分子的疗法的基本目标。已经有研究团队在努力通过设计脂质纳米颗粒提高基因编辑的效率，这种脂质纳米颗粒可以穿透哺乳动物的细胞膜，从而有效地将Cas蛋白质输送到细胞内环境。

除了基因编辑，纳米颗粒也被研究者探索用于其他形式的基因递送。基因组中的几乎任意片段，以及细胞中每一条编码或非编码的信使RNA，都有潜力成为治疗目标，可以被一种人工核酸处理。在过去20年间，很多研究都致力于基因治疗的临床应用，以治疗或预防多种多样的疾病。然而，临床试验中取得的成功非常有限。多数这样的研究都利用病毒输送基因治疗物料。病毒可以将它们的DNA插入宿主的细胞核中并编辑其基因组，因此侵入病毒的机制已经成为一种实现有利基因编辑的可行策略，但是迄今为止它带来了不让人满意的结果，以及不受欢迎的副作用与并发症。纳米颗粒具有突破一些病毒用于基因递送的缺陷的潜质。[34]有些方法目前正在开发中，包括生物可降解聚合物的数据库，[35]这些聚合物可以绑定DNA分子，并将其压缩成稳定而无毒的小尺寸纳米颗粒，从而使其能够穿过细胞膜，在细胞内介质中表现出活性。尽管目前还没有实现有效的治疗，但这种纳米颗粒已经被证明在囊性纤维化小鼠模型的基因治疗中可以有效传输。借助能够通过鼻腔给药的纳米颗粒配方，研究人员已经展示了对小鼠肺部的有效基因递送，这是非常了不起的进步。[36]将我们从病毒生物学研究中所获得的知识，与细胞内纳米颗粒输送物料的研究成果相结合，或许可以取得成功。

药物与分子从聚合材料中可控释放

朱达·福尔克曼在34岁时成为哈佛医学院最年轻的全职教授，1971年他发表研究成果称实体肿瘤的存活取决于它们在自身周围形成血管的能力。[37]他假设，由肿瘤分泌以促进血管生成的生长因子是存在的；在通过实验方法发现这些生长因子之后，他提出阻断生长因子可以作为一种消灭肿瘤的策略，或者至少能够让它们停止生长。福尔克曼开创了大学与工业界在医学研究方面的合作；此外，在1974年他的医学发明申请了专利，这是哈佛大学允许其教员提交的第一个专利申请。

药物输送领域决定性时刻的到来，是一位化学工程师罗伯特·兰格作为博士后加入了福尔克曼实验室。在经过大量的试错实验之后，兰格开发出一种聚合物系统，可以缓慢且持续地释放抗血管生成因子。他进一步发现，一些聚合物几乎可以可控地释放任意分子量的分子。[38]兰格的研究结果遭到了科学界的强烈质疑，在专利局的待遇也是如此。兰格随后改进了制备过程，这样聚合物可以被制成不同形状与尺寸的微米颗粒，从而被植入体内并以恒定的速度释放生物分子超过100天。这一发现首先遭到了科学界的嘲笑，兰格最初的9项经费申请也被拒绝。他差点儿因此失去自己的教授职位。

兰格继续坚持。随着时间推移，他的科学发现与技术已经让很多肽、核酸、糖、带电荷的低分子量药物以及蛋白质的医学应用成为可能。这些较大的分子在体内的存续时间极短（有些时候以分钟计），身体会动用免疫机制摧毁它们。要使分子抵达它的目标，就需要实现可控的局部输送。兰格开发的聚合系统对发育生物学，以及很多临床疗法的应用产生了显著影响。[39]如今，兰格被尊为药物输送领域最重要的人物。

1969年，一种基于兰格聚合微球的可控释放系统，被FDA

（美国食品药品监督管理局）认证可以利用大分子多肽药物治疗癌症。这种药物输送系统成为晚期前列腺癌患者中应用最广泛的系统。后来，这种聚合微球被优化后用于2型糖尿病、酒精中毒、精神分裂症以及麻醉成瘾等疾病的治疗，并且成为可植入材料，能够以持续可控的方式对脑瘤释放高水平的治疗药剂。

1996年，距离第一次认证已经过去了20多年，FDA认证了一种新的脑癌治疗方法，这次还是利用了兰格的微米颗粒；这也是FDA第一次认证了一种可以将化疗药剂直接输送给肿瘤的系统。它的应用延长了患者的生命，短的有数周，而在一些案例中则长达数年。多年以来，兰格和他实验室开发的这些技术，让全世界超过20亿人改善了生活。

兰格研制了首款"智能聚合物"，可以被外部信号（例如超声波或磁场）控制，根据需要释放药物。兰格还开发了一些药物输送系统，可以通过酶的活动进行活化，甚至是通过智能的化学微芯片进行活化。[40]

在治疗骨质疏松症的临床研究中，可植入的微芯片启动泵已经被用于输送人体的甲状旁腺激素碎片。一种连接植入体的双向无线通信系统被用于编写给药日程，并在操作期间监控植入体的状态。[41]

将应用生物响应材料的皮肤贴剂中的药物可控释放

对生物系统响应机制方面知识的进步，引起了材料化学、生物工程、制药科学以及微米与纳米制造领域的创新。同时，这些进展促进了具有广泛应用的生物响应材料被创造出来，其应用范围包括可控药物释放、诊断学、组织工程以及生物医药设备。[42] 这些领域正在谋求从兰格的先驱理念进化，实现药物被更智能地按时输送到需要它们的位置。

一些原型材料与设备正在被制造出来，以应对特定的生物、化学与物理环境。2015年，研究人员报道了一种皮肤贴片，[43] 上面排有121个显微操作针，并装入纳米颗粒，设计成能够在血糖水平高的时候释放胰岛素。研究者从胰岛 β 细胞的功能中获得灵感，这些细胞可以在身体中通过监控血糖浓度精确地控制胰岛素水平。

开发皮肤贴片以监控并治疗疾病，这引起了研究人员越来越多的兴趣。糖尿病通常作为模型系统，用于测试并开发这一技术。2016年，一些韩国机构联合报道了一种基于石墨烯的弹性设备，通过监控出汗来监测糖尿病。这种贴片包含：一只加热器，温度、湿度、葡萄糖水平以及pH值传感器；可以通过热激发将药物透过皮肤输送的聚合物微针。[44]电子学、材料化学以及生物学共同监控并治疗疾病，将会是这一领域很多前沿项目的发展趋势。

用于改进免疫疗法的植入体

多孔材料有一项特别让人感兴趣的应用，那就是它们在免疫疗法框架下的适应性。药丸大小的植入体，目前正在被设计用来招募并刺激免疫细胞，使它们攻击肿瘤细胞。[45]这些植入体包含一些分子，可以招募树突状细胞与DNA片段，然后DNA片段通过模拟细菌感染刺激树突状细胞。这个精妙的计划将从活组织切片中获取的肿瘤组织磨碎收集，从而教会树突状细胞这些是必须被清除的外来物质。

这种植入体已经在治疗老鼠黑色素瘤的实验中大获成功。WDVAX疫苗目前正在进行一期临床实验，用于治疗病患的转移性黑色素瘤。这一方法目前已经被拓展到了其他类型的癌症中，例如脑胶质瘤和乳腺癌。类似的方法正针对淋巴瘤进行试验。[46]

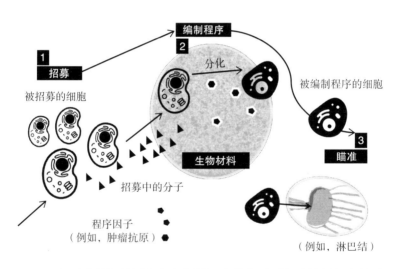

图3.3 利用生物材料系统进行免疫治疗的常规策略：招募细胞并为其重新编制程序以对付目标肿瘤

因为疫苗植入体需要进行小手术，所以研究遵循的方法是让这一策略少一些侵入性。例如，有一种被报道过的方法是将聚合物支架替换为多孔微粒的凝胶；[47]在被注射到皮下之后，这些颗粒会团聚起来，形成一种免疫致敏的仓库。

迈向超增强的免疫系统

不管一种药物、酶或细胞治疗疾病的能力有多强大，治疗成功所需的关键特性都是将其输送到正确的位置。身体有很多屏障对此进行保护：肺黏膜、保护大脑的血脑屏障、肾滤膜以及肠道环境，都是用来防止病原体或有毒分子杀死生物的设计，也是出于这个原因，它们同样阻止药物或疗法抵达其目标区域。癌症与肿瘤已经进化到能够阻止任何外部物质（比如免疫细胞、分子或蛋白质）攻击它们。这些屏障既是化学的，也是物理的。很多生物医学方面的研究都致力于发现一些策略，穿过这些屏障并将药剂输送到需要的地方，同时还要避免毒性。纳米材料将会是实现这一目标的关键，因为有可能利用它们设计出正确的化学与物理学机制来实现这一点。然而，这一目标距离最终实现还很远。

有一个可以通过纳米技术提升的药物输送未来领域是，将药物瞄准的目标拓展到细胞内部。目前，大多数药物的作用靶点都位于细胞膜上。如果能够穿透细胞膜，将药物、包括DNA和RNA的核酸以及短链蛋白质输送到细胞内的靶点，将会实现很多可能的新疗法。虽然这一点正在被逐步实现，但它仍然是一个根本性障碍，特别是对于基于基因的疗法而言。

灌注到科学文献中有关纳米医学领域的通用自我评价，是我们正在距离目标越来越近，但我们其实离得还很远。迄今为止的这些结果，说明取得进展最有效的方法将会是在学术界发展出通用的策略。还得有具备驱动力和灵感的女人和男人作为领导者，推动这些通用的目标与策略。我的印象是，纳米医学界终于将必要的重点放在了最棘手的问题上：针对身体不同部位的定向输送，以及细胞内的输送。用于监测疾病的新材料、新生物、新技术以及定量方法方面的研究加速，将会有助于找到解决方法。药物学的历史说明，我们解决问题的驱动力是不可能消失的。

另一个实现成功的关键，会是开发更好的药物输送数学模型，以帮助设计并优化治疗方法，从而实现最大效率与最好结果。纳米技术支撑的生物传感平台，将会越来越能够实时监测病患体内的分子以及各种物理与化学信号。目前正在发展中的智能数学建模技术，包括AI算法，让大数据在面向特定患者时也变得有意义。通过这些汇编的数据与算法，我们可以雕琢出疾病与治疗方法的数学模型，从而能够基于身体中真实的生理过程，跨越时间与空间尺度预测一名新患者的优化剂量与反应。

纳米技术、电子学、物理学、数学建模、人工智能、材料科学以及生物学的结合，将会带来更为智能的药物、给药系统以及治疗策略，其终极目标是持续检测身体，从而能够在第一次发生故障时快速响应并进行修复。实际上，这就是我们自身免疫系统所做的事：持续监测并修复。从这个角度来说，有关健康的技术与科学正在融合到免疫疗法中，这并不让人感到奇怪。我们的免疫系统也有弱点，而肿瘤和病原体会利用这些弱点。我们对于治愈疾病的渴望，迫使我们学习生物是怎么做到这些的，并识别其中的弱点以便我们能够将其消除。未来，我们也许能够创造出超增强的免疫系统，利用跨领域材料和智能数学算法的结合体，将生命演化过程中已经令人震惊的创造力推到更高的水平。这或许会让我们更接近所有奋斗的终极目标：逐渐掌握生物学的基本法则，以及生物创造和治愈的能力。

在下一章中，我将展示这些想法是如何在再生医学这一最具变革潜力的研究领域中得到应用的。无论是试着在实验室让活体组织再生用于移植手术，还是增强身体的再生能力，这一领域的研究者都在迅速地整合所有的知识，而这些知识正是我在本章与此前篇章中所讲的：从生物电学与生物机械学到纳米技术、生物传感与数学建模。

第 4 章
组织与器官再生

在生活中，要想保持我们身体的完整性不被破坏，并不是一件容易的事。癌症、事故、暴力对抗、医疗、糖尿病、感染以及烧伤，经常会带来严重的组织损伤和器官衰竭。对于人类来说，对伤残和截肢的恐惧就和我们身体的完整性一样重要。早在古代，人们就梦想着能够修复并替换那些患病、伤残或已经没有生命特征的身体部分，甚至是重生整个身体以实现永生。[1]这种渴望从未被压制，也许是因为人类总能见识到火蜥蜴、蝾螈、海星、鳌虾、欧螈、水螅、蠕虫重生出完整的前肢、后肢、尾巴、颚、内脏组织以及眼睛，而我们只能羡慕甚至嫉妒地看着它们。如果受伤不太严重，人类皮肤可以再生；肝脏、肾脏以及骨骼也可以在一定程度上再生。女性子宫内膜在每一个月经周期可以重生。但是，进化在很大程度上把人类器官和四肢的重生秘诀隐藏在我们进行科研的能力中了。

目前，主要的治疗方法还是移植。这是一种复杂、昂贵而且承载了文化负担的活动，只能由那些最熟练的外科医生操作，他们已经成为英雄崇拜和传奇的象征。[2]可悲的是，对器官的需求，以及能够成功进行移植手术的医生与机构不断增加，已经引发了一些令人震惊的器官交易活动。这些器官中有些是从这个世界上最弱小的人那里不人道地取得的，以满足那些可以负担得起（器官移植）的人对生存的需求，并从绝望中获利。

在这一章中，我会简短地回顾科学及医学对于愈合与组织修复的认知历史，从17世纪生命单元——细胞的发现，到我们如今在分离与生成干细胞方面取得的成就。重生与修复器官的努力，催生了组织工程领域。这是一个多学科领域，医学、演化与发育生物学、物理学、工程学与纳米技术全都在这里相遇，以解决细胞如何与其他细胞以及环境交流的重大问题。这些问题正推动着很多领域的发展，比如新型纳米材料、活体内生理活动的传感器与监控器、捕捉活体组织复杂性的新型数学模型，以及诸如控制生物电重生器官此类新策略。随着第一批人工器官已经被成功地移植，这一领域也已经超越医学，并带来有关细胞特征的深刻问题。一个细胞如何知道它必须表现得像一个心脏细胞或神经元，或者它如何知道自己何时需要凋亡？一个有机体或一个器官如何知道自己的形状？我们能否利用人工材料或电信号及机械信号，创造出那些未曾在自然界出现过的"后演化"功能，从而控制细胞的行为？新型生物杂化结构能否被组装，从而将生物学与纳米技术的工程原理结合起来，以创造出新的跨领域材料装置——甚至是全新的物种？

从细胞的发现到干细胞的发现

你或许还记得第1章中英国的罗伯特·胡克努力构建了一台显微镜，让他能够观察到植物是由细胞构成的，而"细胞"这个术语就是他创造出来用于描述植物的构造模块的（因为它们的堆叠让他想起了修道院中僧侣所住的小房间）。1665年，他在著作《显微图谱》中发表了自己的发现。一个多世纪后，德国生物学家劳伦兹·奥肯借助显微镜学家的发现，发展出有关生命中细胞作用的假说。1805年，他指出"所有的器官组织都是由囊泡或细胞生成并构成的"。在这个时候，科学对于组织的理解步入了正轨。

能够展现组织中细胞的显微镜，可以在单个细胞变得越来越复杂时，对多细胞组织的各个发展阶段进行持续观察。科学研究发现，在有性繁殖的生命体中，受精卵会分裂并形成由相似细胞构成的球状或片状结构，也就是囊胚或胚盘；囊胚中包含的胚胎多能干细胞，可以进行持续分裂并分化，形成自然界中可以找到的多样化的器官组织与特殊细胞——从叶子到眼睛再到大脑。对于这些观察细胞生命的早期研究者而言，很明显，如果我们学会如何获取这些多能干细胞，并学会如何用正确的方法激活并组装它们，我们就将有可能构建组织，从而替换甚至是循环使用我们失灵的器官。

19世纪的雅克·罗布[3]也许是考虑学习生物创造组织的技巧的第一人，而且大胆地将之付诸实施。罗布是德国一位反传统观念的犹太生理学家，受植物学家尤利乌斯·萨克斯实践思想的影响，发展出了"工程观点"。[4]与萨克斯相仿，罗布对调控生物学很感兴趣；他的实验以及观点也让他和物理学家出身的哲学家恩斯特·马赫之间建立起长期的通信来往关系。马赫是科学实证主义的支持者：他认为科学研究必须被视为社会与文化背景的一部分，它作为人类社会与经济进步的一种方式，与技术之间有着深刻的联系。对罗布而言，马赫增强了他的信念，即一位生物学家也应该是一位工程师。

在那不勒斯动物研究中心对管状生物（与水母有关的小型生物）进行了一系列开创性实验之后，罗布开始研究再生作为生物体的能力，如何应对环境条件的变化。1890年，在一封写给马赫的信中他写道："此刻盘旋在我眼前的想法，是人类本身也能在生机勃勃的自然界中扮演造物主的角色，最终按照自己的意愿去塑造它。人类至少可以在一项活体物质的技术中获得成功。"[5]在芝加哥大学，罗布狂热地追逐着他的想法，并最终成为一位著名的科学家；他为《阿罗史密斯》（1925）中的主角提供了灵感，这是第一部将科学世界与文化浪漫化的小说，由辛克莱·刘易斯撰写。1897年，罗布首次报道了人体外的细胞生长，是在"细胞培养液"中进行的；1914年，他描述了在没有精子存在时，利用紫外线促成海胆卵启动胚胎发育的过程。[6]1907年，罗斯·哈里森第一个实现在体外培养细胞，从青蛙胚胎的外胚层中发育出了首个神经组织细胞系。[7]在整个20世纪中，培育并维持细胞培养的进程持续发展，并提升了细胞在体外从特定组织中生长的能力。约翰·恩德斯是这个故事里的一个重要角色，他在1952年发现了一种（利用堕胎或流产的胎儿组织）培养人体胚胎细胞的方法，用于开发病毒疫苗。

对于细胞类型、癌症、发育以及细胞培育的兴趣，让科学家在20世纪20年代开始研究有关"怪物肿瘤"的生物学——所谓怪物肿瘤是指恶性畸胎瘤和良性畸胎瘤。自古以来，恶性畸胎瘤与良性畸胎瘤让人们感到恐惧又好奇，因为它们是由各种组织和器官胡乱构成的混合物，通常包含牙齿、骨骼、毛发、肌肉、皮肤，甚至是眼睛，全都集中在一颗肿瘤里。良性畸胎瘤非常少见，特别是在小鼠胚胎中。这就意味着，尽管认识良性畸胎瘤对于理解发育有一定的好处，但是因为没有可获得的动物模型，它很难被研究。事情在1954年出现转机，第一个小鼠品种在这一年被报道，其自发性睾丸良性畸胎瘤的发生率约为1%。[8]随着人们对哺乳动物发育生物学和细胞分化产生浓厚兴趣，针对恶性畸胎瘤的研究在20世纪70年代开始兴起。

1970年，可被重新移植的恶性畸胎瘤被从小鼠的胚胎中提取出来，并移植到子宫外的组织，从而确认了恶性畸胎瘤中的干细胞本质上都是胚胎细胞；这也解释了它们的多能性，比如它们可以在肿瘤内部转化为几乎任何一种组织。1970—1974年，出现了从恶性畸胎瘤中分离出一些细胞系的报道。[9]细胞培育技术的提升，也让可靠地克隆培育出小鼠多能恶性畸胎瘤细胞系成为可能。[10]在这些对小鼠的研究之后，1977—1980年发表的几篇论文，报道了对人类良性畸胎瘤细胞系的分离。这些细胞对于理解肿瘤和细胞分化很有用，但是它们因为来源于癌细胞，所以只具备有限的医学用途。对于医学应用而言，需要的是健康的人类干细胞。

对小鼠胚胎干细胞的分离早在20世纪80年代初就有报道，但是第一个人类胚胎干细胞与生殖细胞系的分离花了更久的时间。除了技术和科学的障碍，可以理解的是，大多数研究者都不愿在一个充满伦理困境、政策困难甚至是法律风险的领域内工作。美国禁止用联邦基金支持人类干细胞研究，这给研究进程带来了重大障碍。

直到1998年，詹姆斯·汤普森在约瑟夫·伊茨科维茨博士的邀请下访问了以色列理工学院（简称Technion），事情才有了突破。他们的合作，带来了人类胚胎干细胞的第一次成功分离。[11] 这些细胞是从一对夫妇捐赠的胚胎中分离出来的，而这对夫妇在海法接受过生育治疗。一旦第一个细胞系被分离出来，科学界以及公众就意识到，干细胞可能会在医学实践中带来重要的影响。在20世纪与21世纪之交，报纸上开始充斥着有关干细胞科学前景的文章。

这项工作以惊人的速度进行，而且美国联邦基金的禁令逐渐松动，特别是在奥巴马政府期间。2012年，日本的山中伸弥和英国的约翰·戈登爵士因为发现成熟、分化后的细胞可以被重新编程变成多能干细胞，分享了诺贝尔生理学或医学奖。这一发现意味着，多能干细胞如今可以由任意组织（比如皮肤）的细胞产生，胚胎不再是必需的，这就清除了很多伦理与法律上的障碍，也开启了自体移植的方法。1962年，戈登已经完成了一些开创性实验，将青蛙受精卵细胞中的细胞核移除，取而代之的是从一只蝌蚪肠道细胞内提取的细胞核。这个修饰过的卵细胞成长为一只新的青蛙，证明成熟的细胞核仍然包含形成所有类型细胞所需的基因信息。在此实验之前，大多数科学家都认为，一旦细胞已经分化，它就无法再回到多能干细胞的状态。2006年，山中伸弥成功地识别出小鼠的基因组中存在少数基因，他可以激发它们，让小鼠的皮肤细胞重新编程，回到干细胞的状态，这些细胞具备能力分化并成长为任意类型的体细胞：神经细胞、心肌细胞、视网膜细胞……任何细胞。

尽管干细胞本身具备分化成身体中任意细胞的潜力，但是要利用它们制造出活的分化组织——甚至是更为复杂的实体器官，仍然是异常困难的任务。

早期的组织工程

在组织中，细胞以非常复杂的方式排列，或多或少地形成对称的三维结构。在大多数情况下，它们会被嵌入一个由活性纳米结构"电缆"组成的复杂网络中，这种网络主要由蛋白质构成，由此形成支架：细胞外基质（ECM）。为支持细胞的生长以及组织内的相互作用，细胞外基质提供了一个具有结构、物理、机械以及生化特性的环境。这些细胞外基质是一种活性的凝胶，由细胞分泌而来，其中含有大量的纤维状蛋白质和糖类，包括胶原蛋白、弹性蛋白、透明质酸以及蛋白聚糖（化妆品行业在其广告中广泛使用这些名词，理由也很充分）。

当我们遭遇伤害时，细胞外基质便被破坏了；当细胞移动到创伤位置时，细胞外基质的信息就已经消失了，所以细胞会产生疤痕组织填充空白。疤痕组织更硬一些，而且和其他结构不一致。在疤痕中，细胞分泌出的新胶原蛋白具有不同的结构，而且通常更倾向于沿同一个方向排列。

在早期，人们就意识到：要想生长出组织，就得通过生成人工支架来种植细胞，从而重新创造出组织中原本由细胞外基质提供的环境。波士顿儿童医院的 W. T. 格林也许是意识到这一需求的第一人，20世纪70年代期间，他正在研究如何通过将软骨细胞植入骨片中，随后重新植入小鼠体内，从而再生出软骨。尽管他的开创性努力并没有完全取得成功，但他正确地预测了，随着新型生物相容性材料出现，功能组织的生成是有可能实现的。[12]

数年之后，还是在波士顿，有人在实验室里开展了制造人造皮肤的最初尝试，利用胶原蛋白基质维持一种被称为"成纤维细胞"的皮肤细胞生长。[13]在这一研究工作之后，对烧伤病人的治疗取得了突破，利用了角质细胞（皮肤中的主要细胞成分）的表皮层，单独使用或是在植入胶原凝胶的成纤维细胞中生长出的真皮层表面上使用。[14]这些案例代表了一个新兴学科的基础阶段，如今这一学科被称为"组织工程学"。

对于该领域而言，一个值得纪念的日子出现在20世纪80年代中期，波士顿儿童医院的约瑟夫·瓦坎蒂拜访了麻省理工学院的化学工程师罗伯特·兰格，正如我在第3章简单提过的那样，后者已经通过将聚合物用于药物可控释放，在1976年掀起了药物输送领域的一场变革。瓦坎蒂对于人造材料支架用于细胞输送的设计很有兴趣；他认为这样的材料可以让这些支架具有可以被预测的物理及化学性质，而不是像可控性较弱的生物材料（例如胶原蛋白）那样，潜力在当时已经被开发殆尽。他们的合作形成了一个广泛的项目，致力于生成功能组织。

随着生物医药用途的人工合成生物相容性和生物可降解性材料不断发展，组织工程和生物材料的研究在20世纪80年代终于开始腾飞。全世界的主要大学都建立了生物医药工程院系。1993年，兰格和瓦坎蒂在《科学》期刊上总结了最初的成功结果。[15]这些成就包括一种支架的构建（由瓦坎蒂、他的兄弟查尔斯以及同事们完成），支架可以植入小鼠的皮下，引导牛的软骨形成细胞生长出具有人类耳朵形状的组织。[16]这种支架具有生物可降解性：组织生长时，也会同时缓慢地溶解。"瓦坎蒂鼠"[17]那幅背上长有人耳的图像，也许是组织工程学中最令人视觉不安的例子，但是这一震惊世人的开创性实验为未来的应用铺平了道路。

在密集的学术活动以外，第一批商业化产品开始出现在市场上。Interpore公司的"Pro Osteon"产品是由珊瑚衍生的骨移植材料，在1993年宣布上市。1996年，Integra公司的人工皮肤作为一种非生物组织的再生产品得到批准。1998年，FDA的一般及整形外科器械咨询小组建议无条件认可"Apligraf"（即

Graftskin）人类皮肤等效物用于下肢静脉溃疡的治疗。"Apligraf"由Organogenesis公司研制，是第一个由咨询小组推荐FDA批准的人工活体人体器官。[18] 在此之后，基础科学、技术以及商业化应用齐头并进，经常合作研制更好的组织与材料。

操控干细胞的命运

操控多能干细胞使其分化成任意所需组织的能力，是这一领域追求的基本目标。大多数生物学及生物医药研究团队的努力，最初是致力于找出启动分化过程的分子信号（例如生长因子）。但是物理学家和工程师进入这一领域后，在策略上带来了根本的改变。如今人们意识到，作用力与作用机制是组织构建以及信息从分子水平传输到细胞与组织水平过程中的基础环节。

正如我在第1章里所介绍的那样，细胞会施加作用力，也会对其做出反应。此外，干细胞可以被它们附着或生长环境中的机械特性驱动分化。这开启了一种可能性，即利用纳米尺度下加工的生物相容性材料构建组织，以传输物理和化学信号引导细胞分化。如今，新一代的多学科组织工程学家正在全世界的实验室里开展工作，将物理学和工程学原理引入生物学研究，其目标是利用能够模拟真实组织中物理与化学条件的人工材料支架，重构活体组织。

纳米技术已经成为组织工程学的基础工具。就像我在第1章中所阐述的那样，充当分子"手"、与外界产生关联的整联蛋白以及其他细胞黏附蛋白，需要有纳米尺度的把手才能握住不放；因此，纳米技术需要制造出合适的结构，才能让细胞附着、生存、演化和分裂。[19]除了材料以外，测量也需要用到纳米技术。活体细胞与组织的机械性能是不容易测量的，特别是在蛋白质与亚细胞结构的尺度上。原子力显微镜和其他纳米技术工具如今已经被用于对细胞与材料的机械性能进行定量测试，例如它们的弹性、黏性以及孔隙弹性（多孔材料充满水时形成的机械特性总和）。[20]

定量测量细胞的机械性能，对于支架材料的设计很重要，并且对于构建细胞与材料机械行为的数学及计算机模型也很重要。计算机模型可以辅助理解生物学，而且至关重要的是，它们能够具备预测的能力。最终的目标是在未来创建出"组织工程应用程序"，这是一种能够有助于为每一个应用设计组织结构以及协议的计算机程序。我们距离以应用程序为基础的设计还非常远；这些最基础的信息碎片有必要被整合到一起，一方面是定量计算，另一方面是优良的数学模型——它们很大程度上还在推进中。

迄今为止的研究表明，利用人工支架引导组织的生长，那么支架必须和准备重生的组织的机械、结构与化学性质匹配。同时具备健康组织与支架的详细结构与机械定量参数，成为研究中的基础部分，这也是一项正处于推进中的研究工作。

用于组织工程的纳米结构材料

目前，已有好几种制造纳米结构的方法被用于制备组织工程结构。能够模拟细胞基质拓扑结构与机械性能的聚合物纤维已经被加工出来，比如，利用电场"纺织"聚合物（电纺丝技术）。在第2章中介绍过的蛋白质纳米技术研究人员也正在制备蛋白质及蛋白质碎片，它们可以被用于在三维空间培养细胞时制作支架与网络。在现代纳米技术的纸张中，纳米结构的纤维素也被用来构建细胞所用的支架。通过冷冻干燥聚合物的溶液从而制备出纳米多孔结构材料的方法，还有模拟自然界羟磷灰石结构（可以增加骨骼与牙齿的强度）的方法，都在研究中。

另一个有吸引力的可能性，是利用构造模块搭建组织。具有可控尺寸与形状的微孔聚合材料，可以被用于构建三维的人造结构，甚至能够植入或注射到体内。这些构造模块可以直接负载细胞、药物以及信号分子，在受伤的位置或细胞结构内部长期局部释放治疗分子。这种用于组织工程的模块化方法已经演变成几种非常巧妙的策略，其目标是构造模块的自组装或自下而上的选择与安装；利用这些策略可以构建出复杂的组织结构，甚至可以在结构内部包含血管以及其他养分输送架构。[21]位于牛津大学的黑根·贝利实验室发明了一种用于组织工程模块化的系统，该系统包含了使用复杂的三维微结构对细胞尺寸的模块进行三维打印；目前这一系统正由OxSyBio公司进行开发。[22]一个因为简单而诱人的常用策略，是利用可堆叠的薄片构建三维组织。

利用人造支架构建出全功能的组织，是一项非常困难的任务。主要问题之一，是人造结构中营养成分与氧气的扩散非常难以实现。这意味着，尽管构建出几微米的功能化小型细胞结构是可能的，但是要想让它们变得更大并保持活性非常困难，因为氧气和必要的营养物质并不会抵达细胞。真实组织中的输送是由非常复杂的生物机制与物理机制相互配合才得以实现的，其中包括了血管的生成，这样可以在非常密集的环境中向细胞持续输送氧气和营养物质。目前已经知道，只有当细胞和毛细血管之间的距离不足200微米时，向细胞输送营养成分并从中移除废物才可能实现。在人造组织中，血管的生成仍然是一个棘手的生物学与生物工程学问题。能够模拟身体环境的复杂生物反应器正在设计中，同样在进行中的还有用于克服许多不同挑战的策略。制造更大组织的另一个困难在于寻找合适的细胞来源，从而提供足够多数量的细胞以生成具有医学意义的大型组织。在任何情况下，科学家都努力地保持从实践中学习，通过科学和技术推动这一领域，即便最终的目标很难实现也是如此。

器官工程

虽说全功能地制造出最复杂的人体器官，仍然是一个遥不可及的目标，但是很多特殊组织的构建已经取得了很大的进展。能够制造出的最简单器官扁平且相对坚硬，例如皮肤。复杂度的下一个级别是制造出管状结构，例如血管和气管。像膀胱这样的中空非管状结构，属于下一个难度层级。这一领域的圣杯是制造出诸如心脏、肾脏和肝脏这样的实体器官。[23]

用于整形外科以及眼科方向的生物材料领域异常活跃，特别是角膜和软骨的组织再生。[24] 关节软骨和角膜具有很多相同的特征，例如：它们都没有血管化，也就是说它们不需要血液。角膜和软骨都拥有致密且高度规整的细胞外基质，以及相对较低的细胞密度。这两个组织都没有自我修复的能力，它们受损以后就会形成麻烦的疤痕；角膜受伤的情况还会导致视力下降，而软骨受损的情况则会造成力学响应变弱。此外，它们都不是特别柔软，这对于构建出匹配的人造材料而言倒是一个优势，一些新的商业产品也已经被开发出来。不过，这些新的材料很难替代市场上可以找到的那些粗糙的人造软骨植入体，它们自20世纪60年代时就开始出现。就软骨而言，塑料与金属的植入体已经在临床上普遍使用，尽管它们会引起很多问题和副反应，但人们因为对它们很熟悉，更愿意选择它们。新型的组织工程策略更复杂也更昂贵，并且还没能形成明确的解决方案。一个主要的复杂问题在于，如何在实验室里将人造软骨和患者的主体组织连接起来。包括生物黏合剂在内的一些策略已经被提了出来，但是将这些新结构引入临床仍具有挑战性。

组织工程对于脊髓损伤修复而言，也是一项很有前途的技术。[25] 脊髓损伤通常会导致永久性运动与感觉功能障碍，严重影响病人的生活质量。目前，有很多支架材料都在被研究用于这一领域。神经组织非常柔软，一个很大的挑战就是需要构建出足够柔软的支架以支撑健康的神经元。非常柔软的可注射水凝胶似乎具有最佳的临床潜力，因为它们可以被输送到受伤的部位，却只带来最小的组织损伤。一项特别令人振奋的进展是，利用这种材料可以通过电信号刺激神经元。这些材料可以将电流传导给细胞，因此具有神经再生与功能恢复的巨大潜力。它们也可以作为受损神经的引导通道，促成神经再生，或在体外测试中模拟神经组织。一些临床试验正在进行中，利用生物工程材料研究电刺激以及干细胞移植对于脊髓损伤的影响。[26] 2015年，一个总部位于哈佛大学的团队报道了一种软质三维电子支架的发明，这种支架可以通过注射针输送到诸如口腔和活体器官此类特定部位。[27] 这些可被注射的电子材料可以在体内被用于监控生理及电生理信号，也可以用来输送诊疗的电信号。可注射电子元器件与其他功能单元（比如无线元器件）的集成，有望引领可植入生物电子学与持续性生物监控（能够与智能手机之类的设备连接）的发展。

科学媒体经常强调安东尼·阿塔拉及其团队的工作，他们来自北卡罗来纳大学可再生医学的维克森林研究所。阿塔拉在20世纪90年代开始了他在再生医学与组织工程领域的工作，当时他也在波士顿儿童医院工作。他们的工作受到关注，部分原因是阿塔拉实验室里的300名成员正在尝试制造的某些器官具有喜闻乐见的媒体属性，赋予当代社会"自我技术"（法国哲学家米歇尔·福柯提出的这个术语在这里似乎特别应景）的重要性。例如，阿塔拉的实验室已经成功地利用脱细胞胶原蛋白支架，在其中植入病患的细胞，从而在实验室条件下制造出人类阴茎。[28] 那些因为生殖缺陷、外伤性损伤或因癌症手术失去阴茎的人，以及暴力的受害者，还有寻求积极肯定自己身体性取向的跨性别者，都对这一技术能够帮助他们过上更好的生活充满希望。现有的阴茎替换技术在20世纪70年代时被发展出来，可以说非常粗糙。阴茎是用患者大腿或前臂上的皮肤与肌肉构建的；生殖用途并没有实现，至于性功能的实现，要么是采用可延展但很难隐藏的软棒，要么是在阴囊内植入一个带有生理盐水泵的充气棒。此外，对于这些阴茎成形术的渴望，也许会遭到某些病人关于"生存美学"（又是福柯提出的术语）的质疑，这会引发更多的问题。

阿塔拉自1992年起就已经开始在人造支架上让阴茎细胞生长。2008年，他的实验室成功地用兔子作为实验动物取得了完全的成功。首先，他们在12只切除了阴茎的雄性兔子体内植入了生物工程制备的人工阴茎，然后他们将这些经过治疗的雄性兔子与雌性兔子放到一起，希望它们会完成性行为。所有雄兔都尝试交配，其中8只兔子被证实有射精的行为，有4只兔子实现了生育。[29]

然而，生长出人类的阴茎更为复杂，主要是因为人类阴茎比兔子的更大。和很多在实验室里生长出复杂器官用于人体移植的尝试一样，用于生长的支架并不是人造的，而是从捐助者捐献的器官中获取的。组织工程师用一种很温和的清洗剂对供体阴茎进行清洗，这种清洗剂并不会破坏细胞外基质，但是可以将所有的供体细胞移除。两周以后，剩下的就是一个阴茎的胶原蛋白支架，工程师在上面植入从患者体内取出并经过培养的细胞——开始是平滑肌细胞，然后是血管内皮细胞（它们排列起来形成血管）。阿塔拉的团队正在评估这些结构的安全性与功能性，以便他们能够在第一位人体试验者身上使用之前获得FDA的批准。在细胞培养与移植之前将支架准备好，从而抑制宿主患者体内的免疫应答，这是需要解决的一个特别重要的问题。

2006年，阿塔拉和他的团队宣布了首例成功的生物工程器官移植。他们利用的是在实验室里生长的膀胱，在1999年将其移植到7名患者的体内。2005—2008年，他们又宣布对4名接受生物工程阴道治疗的女性进行了成功的回访。他们还在2004年完成了首例尿道移植。

尽管构建诸如心脏、肾脏或肺这样的复杂器官，仍然远超出组织工程师目前的能力，但是他们中有些人还是在考虑构建出一些能够用于修复受损器官的补丁。冈野辉夫[30]在涂有热敏聚合物的有盖培养皿里成功地通过培养心脏细胞，制造出了血管化的心脏组织薄层。当温度下降时，这些细胞从聚合物上脱离，形成致密的一层。这层细胞中含有细胞因子（促进体内血管生长的小型信号蛋白质），因此当其被植入患者体内后，就能够生长出血管，同时避免细胞凋亡。这一方法已经成功地在心脏疾病患者的临床试验中进行了评估，[31]并于2018年获得日本政府的许可用于治疗患者。未来，类似的方法可以被应用于模拟肝脏、肾脏组织的构建。

三维生物打印

三维生物打印作为一项新的技术，越来越多地被用在了生物工程实验室里。对于支架材料、化学信号分子乃至细胞位置，它都可以无比精确地进行控制。这一技术已经被用于一些组织的生成甚至是移植，比如多层皮肤、骨骼、血管移植物、气管夹板、心脏组织以及软骨，并且有望帮助构建诸如肾脏、心脏和肝脏之类的实体器官。

麻省理工学院的琳达·格里菲思·西马是"瓦坎蒂鼠"实验背后的科学家之一，如今她已经发明了一个三维生物打印程序，可以构建用于骨骼再生的复杂支架。另一个关于三维打印组织的成功案例是气管的替换。[32] 利用三维打印机完成的生物材料具有一项优势，即在设计时可以考虑组织生长过程中机械方面及降解作用的因素，这样加工出来的形状可以随着时间推移而变化。对于婴儿与儿童来说，这一点尤为重要。当畸形发育导致气管壁坍塌时，会发生TBM（气管支气管软化）。婴儿和儿童如患有严重的TBM，可能需要植入支架，在更严重的情况中还需要行气管切开术（在颈前部开一个洞，穿透到气管中）。2015年，有研究团队报道了外气道夹板的成功移植，三名患有严重TBM的儿童用上了和他们每个人原生气管形状相似的三维打印组织。这些夹板可以随着孩子成长而改变形状，并随着孩子自身气管的强化而逐渐被吸收。[33]

三维打印制造的组织对于商业公司而言很有吸引力。

2015年，欧莱雅宣布了与一家在圣迭戈的三维生物打印公司Organovo进行合作。欧莱雅已经建立了成熟的工艺以生产"Episkin"产品，而这项人造皮肤的专利产品是由手术病人捐献的皮肤细胞在胶原蛋白支架上生长而成。据报道，欧莱雅将50毫米宽的Episkin样品销售给其他化妆品公司与医药公司。这种人造皮肤被用作研究，比如将其暴露在紫外光或空气中研究老化的影响，或是研究人类皮肤会对专有的化妆品配方做出何种反应。在与Organovo合作以后，欧莱雅希望能够利用三维生物打印技术实现自动生产（见插图7）。

阿塔拉的实验室同样在大力开发三维打印技术，使实体器官的制造与血管化成为可能。2016年，他们报道了一种组织–器官集成打印机，可以制造出任意形状的稳定组织，与人体组织同等大小。[34]组织的形状由计算机实现，因为计算机可以通过现代成像技术获取器官解剖形状的详细模型，从而控制打印喷头的动作，将细胞分配到离散的位置。打印机能够将微通道整合到组织中，以促进营养物质向打印出的细胞扩散，打破工程组织中细胞存活需要满足的100~200微米扩散上限。这篇论文报道了颌骨与颅骨（头盖骨）、软骨以及骨骼肌的构建。正如阿塔拉在2011年的TED演讲[①]中所说的那样，他的最终目标是打印出人的肾脏。2019年，特拉维夫大学的科学家报道了一种三维打印的心形结

---

① TED（英文中的"技术、娱乐、设计"的缩写）演讲是由美国的一家非营利机构组织的国际会议上的演讲，该会议于1984年首次召开，如今其每年的演讲视频在互联网上广为流传。——编者注

构，登上了主流媒体的头条。这项工作的首席科学家塔尔·德维尔说道："这是全世界第一例成功设计并打印出来的完整心脏，完全由细胞、血管、心室和腔室构成。"尽管他们打印出的心脏是一个让人印象深刻的范例，证明三维打印技术可以被用来制造活体组织，但他们的心形组织不管从哪个意义上讲都不具备任何功能。[35]

科学家也开发了一些方法，模拟那些对组织发育至关重要的机械信号与刺激。在我的实验室中，我们在支架中埋入了磁性纳米结构，可以通过磁场进行定位，从而调节材料内部的机械性能与扩散。怀斯研究所由唐纳德·因格贝尔负责的实验室也已经开发出一种聚合物，可以对温度的变化做出响应。[36]当这种聚合物被加热到体温时，它会缩小并挤压材料内部的细胞。细胞感受到这种作用力后，可以通过触发负责间充质干细胞分化的基因诱导牙齿发育。

芯片上的器官

尽管要想让器官长得更大并血管化，甚至长成全功能的器官还是一件非常困难的事，但一些科学家还是试图制作一些可以装在芯片中的小型器官。它们虽然并不适合用来移植，但或许可以作为实验室模型启迪一些应用，帮助科学家研究器官功能与疾病，或者用于候选药物的毒性试验。"芯片上的器官"被期待用来减少甚至是完全替代动物与人体的药物试验。全世界的科学家都在开发这一方法，利用这些芯片作为疾病与健康的微型实验模型，以研究癌症与肿瘤、炎症、神经发育障碍以及其他疾病。这些芯片是透明的，从而可以实现高分辨率成像并对细胞进行监控。肝脏、肾脏、肠道、肺、脂肪、肌肉以及血脑屏障的模型全都被制作成"芯片上的器官"。[37]科学家甚至试着去组合这些载有不同器官模型的芯片，从而复制出身体的生理机能。"芯片上的器官"版本的心脏–肝脏–血液系统[38]与肾脏–肝脏组合[39]正在开发中，用以探测并模拟药物的毒性与疾病。据报道，因格贝尔的实验室已经成功地将多器官芯片组装起来，持续运行了超过一个月。未来，在不同的治疗方法准备用在病人身上之前，这些多器官芯片或许可以用于调整这些治疗方法。诸如Emulate、Hepregen、HemoShear Therapeutics此类公司，都在研究"芯片上的器官"在商业上的应用。HemoShear公司和辉瑞公司开始展开合作，利用"芯片上的器官"技术，去理解药物作用于血管的影响，例如炎症或损伤。

　　三维生物打印的另一个应用，是"芯片上的器官"装置在优化后可以生成厚层组织，从而经过血管化以后可以实现血液在其中的流动。[40]利用非常先进的技术，研究人员能够采用不同材料制成的"墨水"，成功地重建出肾单位的近端小管，也就是肾脏用于血液过滤的基本功能单元。2016年，有报道称一种芯片上的心脏装置集成了微米级的软质传感器，能够引导组织装配，并提供组织收缩力和对药物响应的电子读数。[41]

将生物学、物理学与数学用于工程和再生组织

　　除了试图依靠人造材料和细胞创造组织以外，科学家正在尝试一种更基础的方法，从干细胞的小球开始，通过处理使它们分化并形成毫米尺寸的类器官。类器官被用来制作很多组织，包括肠子、肾脏、大脑和视网膜。大脑类器官可以自组装成为含有不同类型脑细胞的旋涡，这样它们可以保持活体状态大约一年。尽管类器官和支架结构一样缺乏血液供应，但它们仍被认为是一项重大技术突破，可以用来理解组织再生与干细胞功能，以及组织对于药物、突变或损伤的反应。在很多基础生物学与临床应用中，类器官已经被确认是不可或缺的工具。[42]

　　另一个有趣的方法，是试着去赋予一个模型组织和正常组织尽可能接近的化学、物理及电子信号，这样它就可以在受伤之后再生。在第1章中，我已经介绍了迈克尔·莱文所做的开创性工作，证明脑部产生的电场可以控制蝌蚪的发育。他的方法已经被用于帮助成体青蛙再生出截肢的腿，甚至是创造出双头的扁虫。莱文计划开发出一个数学模型的"生理术语手册"，这样就能让我们创建电信号程序，以刺激组织再生。[43]

　　尽管这项工作还有很多挑战，但是其进展迅速且还在加速中。现代组织工程学是一个应用领域，在医学的背景下整合了物理学、数学与生物学。这种实践应用背景，对于筹集资金以及创立多学科领域从而带来快速进展而言非常重要。解决器官再生问题的过程，正在促进合作以理解基础生物学难题，以及形成检验

药物的新方法——不再需要动物或人体试验。

这些研究的进展，需要更好的物理参数定量测量与数学模型，以克服主要的挑战，如营养物质、氧气以及废物的输送。组织工程结构需要对所有相关的生物参数实现更好的实时监控，这些参数包括化学物质与蛋白质的浓度、细胞的体积、组织构造的动态拓扑与机械特性，以及对细胞信息交流来说无比重要的电信号。实现这一点的合理办法是创建出能够在所有相关参数上产生大量数据的传感技术，同时构建出越来越复杂的计算机模型，使它可以将上述数据转化为规则，用于未来植入体的合理设计。如此多数据的分析，需要有 AI 算法，还要有详细描述分子与细胞功能的机械模型，包括它们在组织中多尺度三维结构下复杂的化学、电学、机械相互作用。在组织工程学能够创造出一颗心脏或肾脏以前，这个领域将成为学术研究的竞技场，科学家在可控环境下对组织进行研究和建模。与其说组织工程学是通过观察真实的生物体来研究生物学，不如说它带给我们挑战，让我们通过创造生物去理解生物学。

拥有不断重生的身体，这在当今而言还是一个遥远的梦想，但是在实现这一点的道路上，会出现很多基础又有开创性的发现。这一进程很有可能会让器官移植在21世纪末期被淘汰。除了让老化及受损的器官再生，将人工及天然材料整合到我们身体中的前沿科技，还具有增强我们感觉、心智与肌肉的潜质，能使我们拥有迄今为止无可企及的能力，从而为人类这个物种带来全新的心理与社会情境。

第一个生物杂化的跨领域材料机器人

除了人类自身的提升，人工生物杂化形式的创造及其应用，还将开创一个越来越多元化的跨领域材料生态系统。

2016年7月，凯文·基特·帕克和他的合作者介绍了第一种由组织工程技术完成的软质机器人（见插图8）。帕克和他的团队利用微米级编织的黄金骨架与大鼠心肌细胞供能的硅树脂身体，构建出一条是实际尺寸1/10大小的黄貂鱼。[44]

由20万个心肌细胞供能的黄貂鱼被放置在硅树脂身体的顶端。为了让这些细胞的排列模式尽可能与真实黄貂鱼的肌肉相似，硅树脂呈现的是一个由蛋白质构成的模板，而这种蛋白质是细胞外基质中蛋白质之一的纤维连接蛋白，这样可以引导细胞的附着。这些心肌细胞经过基因工程的改造，可以对光信号做出反应，[45]这样推动机器人在水中前进的起伏运动就可以由光控制。黄貂鱼运动的速度与方向，通过调节光的频率以及单独刺激左右鳍来控制，这就使得这种生物杂化的机械鱼可以机动地通过有障碍的路线。尽管这种机械黄貂鱼并不能自行计算运动，但不难看出未来这种能力将会如何实现。对于学习如何构建出跨领域材料的心脏———一半肌肉，一半机械——来说，这种研究同样很有用。

构建出这种机械黄貂鱼花了4年时间。很多工作都是为了弄清楚真实黄貂鱼的肌肉构造，然后在机械鱼中设计出简化后的心脏细胞微型布局，以模拟真实鱼的运动。帕克认为这种机械黄貂鱼既是一种艺术，也是一种技术。"每个人都想知道它有什么不同，"他说，"我看着它，试图去理解心脏——并给我7岁的女儿留下深刻印象。"[46]

机械黄貂鱼概括出生物学和物理学是如何结合在一起解决医学问题的，但是在此之后，他们这些实验性的领域跨材料后代已经超越了其真实的起源，抓住我们的想象力，将我们推向革命性的新叙事和新发明的王国。

对于机械鱼的愿景，我们颇受启发，也震惊于人类曾经预言的远古之梦竟已实现，但总还是有个安全距离。就在突然之间，未来就在眼前。我们惊叹于这些天才的发明，也敬畏它们释放出变革性力量的危险性。我们该何去何从？它们将我们推向何处？我们是否为此做好了准备？

也许，组织工程是诠释我们这个大发现时代双面性最丰满的例子。那些被释放出来的融合力、创造力与天赋，也许可以解决最棘手的医学问题；它们同样可能引起更为严重的问题。我们这个物种的美梦与噩梦，比以往任何时候都更加接近真实。

我们可以利用如今已成为现实的这些全新的强大技术去改变我们自己，或者就像福柯在20世纪70年代所警告的那样，强大的机构、国家和公司可以利用它们"征服身体，控制人口"。[47]这些新势力在哲学、社会、法律、政治与伦理方面的影响，将会产生激烈的争议，并产生巨大的后果。这种新的科学也必须要蹚过雷区，以实现实践者们拯救苍生的梦想——他们是罗布积极进取精神的继承者和再生医学的先驱。

第 5 章
总之，生命改变一切

我们当今这个时代的经验，以技术的加速部署为标志，正在以各种形式、各种尺度重塑着地球上的生命。在这个动态又矛盾的场景中，充满了希望与威胁，生命本身也已成为科学研究的主要对象。过去4个世纪中所有科学积累的知识，最终达到了探究、理解、修正并利用我们自身生物复杂性的层级。

　　在所有复杂性层面上研究并模拟生命的那些技术与理论工具的出现，正在为生物学研究和医学实践创建不同凡响的新前景。尽管上一代还原论者的观点，也就是将生物简化为分子与基因，仍然在很多生物医药研究以及一些传媒与大众文化中流行，但是一股即将带来根本变化的浪潮正在悄然崛起。新的定量生物学被理智的物理学框架改变，由纳米技术（在纳米尺度对物质进行研究并加工的技术）推动，试着将纳米尺度的基因与分子整合到全宇宙的组织原理中。这种生命的新物理学试着去发现那些让复杂生物行为跨越尺度涌现的底层规则，从纳米（原子与分子）

到微米（细胞及其亚结构）再到宏观（组织、器官以及整个多细胞生物体）。正如我在第1章里总结的那样，这种诠释生命的方法将生物学放在了数学、物理学与工程科学的交界面上，而且将会从根本上改变我们发现、解释并治疗疾病的方法。更深刻的是，它改变了"科学文化"，使生命和人类存续（以及历史）重新回归到宇宙本身的连续体中。它不仅为我们更深入理解生物与物质开辟了道路，还邀请我们修正自己关于自然的立场，从而改变人类文化史的轴线。

第2章展现了定量生物学是如何与全新的材料科学携手出现的，这些材料科学利用全新理解的生物学力量，以原子精度和前所未有的功能塑造物质，用蛋白质和DNA制造微小的结构和机械。通过"像生物那样制造物质"进行学习，科学家揭示了生物结构背后的物理原理，以及生命本身在纳米尺度的涌现。这使得我们有可能创造出一个"固有材料富足"[1]的未来，生物学和材料科学就此融合在一起，满足我们技术与医学上的需求和梦想。新的生物纳米技术得益于物理学、生物学、化学、机器学习、公民科学家群体、合成生物学与数学建模的融合。在医学的影响下，它们已经实现了令人震惊的突破，例如设计出具有进化潜力并能够彻底改变疫苗的类病毒结构，或者是能够组装出其他方法难以合成的化学物质的DNA机器人。

根据第1章和第2章中的观点，21世纪的第一波纳米医学研究（在第3章中已经总结）通过将药物装载到纳米颗粒中，努力提高药物的输送能力，并通过反复试错的办法瞄准肿瘤，这看起来已经过时了。通过模仿药剂学研究的策略，纳米医学在很大程度上再现了药剂学的失败。这些经验教训再次说明，在设计新的治疗方法时，生物的多尺度复杂性是不能被回避的。尽管生物物理学的知识与技术都处在早期阶段，这让它目前还不可能设计出准确无误的药剂或治疗方法，但我们再也不能忽视生物学中分子原教旨主义观点的局限性。

发现药物是一项宏伟的全球性事业，也相应地受到了惯性的阻碍。短期内，聚焦于分子的这种近乎排外的还原论还不太可能发生变化。除了经济和组织架构的限制，现在生物医学科学家所受的教育，也不允许他们轻松地转向需要扎实的数学与物理学基础才能构建的疾病新模型。这意味着事情将会进展得很缓慢，至少在那些医药巨头和学术机构已经演化到养活这些科学家的国家，问题是根深蒂固的。目前，生物化学、细胞生物学以及医药实验室里日常开展的任务正在逐步自动化，看起来这有可能会促成变化的加速。

与此同时，生物学中的还原论观点还在继续蔓延。大量的研究致力于获取基因表达与细胞中蛋白质及化学成分的细节信息，利用高通量技术将生物学带入"大数据"时代。一些所谓的组学——基因组学、转录组学、代谢组学与蛋白组学，被用于收集以拍字节（1拍字节相当于100万吉字节，即2^{50}字节）计的数据，从而构建出模型并验证，通常没有考虑细胞的物理实体。这一方法通过将出现在其中的基因及表观遗传标记与表达出的蛋白质关联起来，试图给生命算法输出的结果进行编码，但是似乎并不关心这一算法真实的物理学机制，并且在很大程度上忽视了涌现的原则：生命的"整体大于部分之和"。这不仅对我们理解生命带来影响，同样也会对药物及药物靶点研究的成功造成影响。

尽管这些大数据方法，也许已经证实了一种有用但成本高昂的方法可以识别出某些分子靶点，未来的药物设计却需要考虑细胞和组织环境中蛋白质功能完整的物理图景。否则，药物将很难找到它们的目标，或者细胞会让它们失活。引进更多定量生物学的方法，也可以缩小范围，减少构建算法搜寻"组学"输出结果之间关联性所需的努力——不管新型计算机的硬件与人工智能有多强大，这些输出结果的数据量都大到惊人，以至于实际上并没有多少用。

如果以真实的机械论假设为导向，那么机器学习和人工智能可能是最有用的。打个简单的比方，目前的大数据"组学"策略就好比是花上很长一段时间，把宇宙中每一颗星星的位置都绘制出来，然后借助机器学习算法，搞清楚所有星星运动之间的关系……同时忽略引力的存在。

希望生物医学研究团队能够将他们的精力重新部署在更好的策略与协作中，这或许能让他们得出天文学家和粒子物理学家很早以前就已经获知的结论：要想解决最为困难的科学问题，在大型国际研究项目中进行合作是最好的办法。

在目前的药物设计与输送领域，毫无疑问，最有希望的抗癌策略是免疫疗法。免疫疗法摆脱了基因与分子的教条，也摆脱了根据局部计算整体的蛮力方法，而是利用生物本身对抗疾病，从而整合了所有必要的尺度。它的成功，不只是孕育出更好的治疗方法，还会催生出更多生物医药发展中所必需的多尺度定量研究类型。在第3章中展示的最新研究表明，纳米技术可以有助于克服免疫疗法现有的局限，并提升免疫系统在抗癌响应方面的稳定性。正如我们所见，将纳米颗粒瞄准免疫系统的树突细胞，要比将它们瞄准癌细胞容易得多。纳米颗粒也可以在肿瘤的局部环境中，被用于制造一种免疫应答，同时降低全身毒性：通过延长颗粒在肿瘤位点的滞留时间，它们可以释放出极强的免疫刺激分子，并仍然可以促进整个机体的可控响应。有一个特别有趣的方法是利用植入体招募并刺激免疫细胞攻击肿瘤细胞，就如同缓释的癌症疫苗那样有效地工作。

然而，仅仅是更有效、更有靶向精准性的药物，仍然不足以带来我们在医学研究中努力追求的那种变革。我们需要能够理解并预测药物在个体中的效应。没有这样的理解，那些能够对大部分患者有效的药物往往也不会被批准，因为比如它们会在一小部分人体内产生令人难以忍受的副作用，但这一小部分仍然不是一个小数字。显然，仅仅分析基因和蛋白质的复杂网络，并不足以设计出那种对每一位患者都有效的癌症治疗方案。

为了向个性化医学发展，我们还必须寻求突破，不只是在实验室里从孤立的细胞中收集数据，而是要实时地直接从活体内的分子与细胞中获取物理与生化信息。全世界的研究团队已经设计出可植入的生物传感设备，其中有很多是纳米颗粒或纳米结构，它们能够探测细菌、病毒或与它们相互作用的分子（例如抗体、外源性蛋白质、DNA 片段或葡萄糖），甚至与外界交流它们的状态。（最初的应用是针对糖尿病，例如监测葡萄糖水平的隐形眼镜，或者能够同时探测葡萄糖浓度并受控释放出胰岛素与之反应的可植入材料，都已经在实验室里得到测试。）目前正在被研究的还有几种探测策略，从石墨烯或碳纳米管的电学性能，到能够和目标分子结合后改变颜色的纳米材料。很多这样的系统都利用抗体导向追踪到特定的分子，但是就我们在过去 15 年中研究的结果来看，用抗体抵近特定的分子，还要同时能够探测到与目标的结合，并不是一件容易实现的事。由于分子的尺寸以及生物环境的复杂性，从生物器官中获取有意义的数据，仍然是个挑战。

在药物输送与生物传感两个方面，当前策略的成败正促使科学家深入研究分子在纳米层面相互作用的基本机制，以及细胞和组织层面上纳米机制的整合。

这就要说到大数据和算法的应用了。为了构建新的模型，将生物学多层次、多尺度的物理特性纳入其中，生物传感设备就需要从大量病患和健康人群（包括男性和女性；目前大多数医学研究都是在男性志愿者或是雄性大鼠身上进行的，[2] 这令人有些意外，或许也不意外）的样本中收集相关的实时数据。为了分析这些未来生物传感平台的大数据，有必要开发深度学习的算法并与之结合。目标是开发多尺度机制的模型，通过纳米尺度的物理学，以及在不同尺度之间形成联系的相互作用，对生物功能进行阐述。反过来，这些模型还会回溯到算法中，对算法进行细化，同时也被算法细化。

第4章的主题组织工程学是一个正在崛起的领域，它不只让器官的修复成为可能——甚至是器官的再生与替换，同时也是一个竞技场，以生物学和医学为代表的基础科学正在这里取得十分重大的进步。在一个大型活体生物中研究（或者更实际一些说，只不过是识别）所有相关的定量数值，仍然是一个不可能完成的任务，但是组织工程学可以构建出人工生物组织，在其中所有跨越不同尺度的相互作用（化学、物理、电子、机械以及基因各方面的）都可以在受控的环境下被研究，并且开始为模型的建立提供信息。与此同时，用于持续监测细胞培养以及构建"芯片上的器官"的实验级生物传感器，将开始生成活体组织的实时数据，使技术发展到以后在生物体内应用成为可能。创建生物传感器技术，使对生命进程的监测达到分子精度，并且创建组织的机械模型，将这些分子级的进程与宏观相联系，这有可能会在不久的未来成为组织工程学对医学和生物学最重要的贡献。组织工程学模型对于理解并构建靶向药物输送模型而言，也是非常有用的，而且可以预测，这样的人体组织与器官模型最终将在药物测试中替代动物。

随着技术进步，越来越智能化的活体组织自动培养将会替代分子生物实验室和生化实验室里大部分工作，而这些工作如今还依赖无聊的重复实验，博士生、研究员以及博士后们正无休止而忘我地把时间花在上面。新型机器人技术会生成生物大数据，这些数据可以被物理驱动的机器学习算法分析与分类，从而帮助科学家构建出更复杂的生物模型。随着人工智能变得能够关联因果，它也将逐步被应用，以分子级的分辨率和多层次的认知对生物进行监测。以细胞培养与组织工程为基础的设备与模型终将在动物研究中发挥作用，再后面是进入人类医学，最终成为一种能够监控并修复我们身体的技术——也许还能以实时、个性化的方式实现。这一技术也许会基于复合的跨领域材料设备实现，其中同时应用了有机与无机的材料及原理，从而实现实时的超增强免疫系统。

我们距此还很遥远。但是，随着第四次工业革命发展，始于医学背景下纳米技术和生物界面上的研究，还将继续与其他科学和技术融合。它将纳入更多的数学模型、人工智能和机器人技术，并且会在纳米层面上创建出一个越来越精细的知识体系，囊括生物学与材料科学。纳米尺度的设备将会被用于研究生物学；生物学则会被用于启发并改良跨领域材料设备，以模拟生物的一些特性，并整合一些在生物界不可能获得的特征。上述两个领域所应用的物理学，最终会带来一种崭新的材料科学，将生物和无机材料整合在一起，正如你在第4章中见到凯文·基特·帕克的先锋软质机器人所预言的那样。

除了医学以外，物理学融入我们对生物学的理解中，还对我们的身份和与自然之间的关系产生深远的影响。物理将我们从基因的一维还原论分子桎梏中解脱出来，让我们能够放飞自我，就像是从宇宙深邃且多尺度的构造中涌现出来一样。最终，生物学在机械力、能量、空间与时间的相互作用中得以实现，给了我们这个世界，也赋予我们感觉、智力与意识，还有我们利用技术学会如何治愈、再生并重塑我们自己、我们的文化与环境的巨大力量。生命的新物理学让我们能够更深入地探索人类直觉的物理基础，去进行科研，去挖掘无生命与有生命物质的基础；它暗示了连接创造力、直觉和知识（换句话说，就是艺术、人文与科学）的底层基础。

生物学在物理学和工程学领域受期盼的出现，将我们的观点重新定位并产生了新的融合。科学研究中产生的这些问题，越来越多地和哲学、艺术以及人文学科对人类存在本质的追问相呼应：生命和智能是什么，它们是从哪里产生的？随着我们获得对物质和生物越来越多的控制权，我们在这个世界上处于何种位置？一开始，这些问题是在纯科学的背景下被确切表达的。但是，当我们重新提出这些问题时，我们需要和自打一万多年前早期文明诞生时就已经提前占据人类文化的信念、直觉和质询重新进行连接并进行检验。现代科学与文化史的连接，把我们带到此刻正站立的岔路口：一条道路通往前所未有的人类进步图景，另一条道路通往源于我们本性的盲目开拓。

在过去的4个世纪中，科学给我们带来很多技术，以至于我们曾沉迷于完全操控自然的幻想。如今的社会很大程度上将自然视为一种商品，处于引导技术以提取其经济价值的各个系统的服务中。我在本书中总结的科学发展，将人类的生物学与生命本身嵌入这种自然商品化的基质中。我们的身体和意识，是经济开发的下一个前沿领域。

如果我们想成为一个成熟的科技物种，并且作为人类真正地活着，我们就需要面对在我们尚未成熟之时对技术的应用，并使之成长为新的社会与经济系统，让我们更深刻地理解自己生存的意义。在历史的这个时刻，除了在物理、经济和社会意义上成熟地变为"整体的一部分"，我们别无选择，而且要推进我们与自然之间新型关系的建设，从而让我们得以生存。在结语中，我会论证科学与文化的重新连接正在我们的实验室中发生，并指向正确的方向。

生物变成物理：我们成为技术物种的时代正在来临？

第四次工业革命带来的影响，在过去这些年里成为一个广受争论的议题。学术研究者和作家们已经制作了书籍、课程、视频和论文，他们借此探讨这场预期中的革命可能带来的未来。尽管他们中有些人寻求一种平衡，但也出现了一些过于乐观的预测，把未来描绘得就像天堂。还有一些预言者警告称，赫胥黎式的反乌托邦会让被奴役的人民自愿向人工智能算法交出他们的自由、政治权利和社会力量，以获取普遍的基本薪酬。他们预见了一个"后劳动社会"，机器人接管了所有的工作职位，这些工作原本赋予我们生命的意义。他们将我们带到一个世界：一种超增强的新精英人类，用生物技术和纳米技术实现了对人类未来和生命本身无可置疑的操控。

在本书中，我已经简单地列举了一些方法，基于这些方法，生物学研究在过去数十年发生了天翻地覆的变化。这些变化不只改变了医学，而且也许更为重要的是，开启了一场深远的科学文化变革。各门科学在生物学中的融合，是对当今科学范式下无法跨越的主要障碍做出的反应，同时也是在应对技术进步提速的需求。不过，生物学融入物理王国，同样也是我们作为人类而言视角的重新定位，并促使我们正视生存的意义，以及我们与宇宙自身运行规律的关系。这些变化带来的最为重要的一些结果，还没有在大多数有关技术的公共争论中得到讨论，主要是因为科学家还没有特别积极地思考这些问题。

可以让科学家用数学描述生物现象的工具出现，让开发新型工程能力变成可能，这会带来一个全新的场景。从积极的一面看，这会促成前所未有的技术与医学进步；从消极的一面看，这可能会带来我们生物本身的商品化，在穷人和富人之间造成更深的鸿沟。在这种情况下，无论是作为科学家还是作为人类而言，我们都渴望新的文化叙事逻辑为我们和自然之间的关系带来新的深度与意义，同时也将我们对技术的应用导向人类进步与提高的未来，而不是高科技的大动乱。

在结语中，我想展示一些路径，科学家在这些路径上为追求新的科学目标而努力的过程中，通过以新的方式与社会产生互动，共同努力创建并解读这个初生的新世界。

科学家为新的技术文化而努力

全球化以及日新月异的技术得以应用给社会带来的变化，同样也改变了科学家进行研究的方式，并促使他们以更具协作性的方式融入自己的工作及社会环境。有三个趋势说明了科学家如何对新技术文化的建立做出贡献，这将会让各种科学慎重行事并关注它们对我们生活方式的影响。

首先，科学家在预测他们所开发的技术有什么风险方面处在前哨的位置。实际上，纳米技术科学家作为一个群体，首先拥抱了这个承诺，并且在过去的几十年里，一直在"负责任研究与创新"（RRI）日程里走在前列。他们的科学与技术拥有强大的潜力，这让纳米科学家非常关心有益的可能性，但同时也担心错误使用或管理带来的可能性。纳米科学家开创了技术的可持续发展，并在科学进程中纳入负责任的原则。他们通过与社会科学家合作来完成这一点，并通过游说诸如欧盟这样的机构以获取基金，从而解决在科学日常活动中执行RRI的实际问题。第一个RRI项目开始于20世纪90年代后期。RRI原则目前已经整合到了欧盟支持的科研项目中，强调5个观点：公众参与、研究成果分享（在线提供，可以免费或设置其他门槛，也就是现在所熟知的"开放存取"）、性别平等（在研究团队与受研究人群的组成方面，以及在工作可能带来的影响方面）、伦理道德，还有科学教育。纳米科学家并不是等着监管者去禁用那些已经造成损失的产品，而是离开象牙塔，积极地和公众、政治家以及监管机构达成合作，讨论潜在风险（例如，毒性及环境毒性）。像Matter[1]这样的非政府组织擅长与学术圈、公司、国际组织以及更广泛的社会群体建立合作关系，从而指导技术去实现更可持续、更具社会责任的创新，这对我们所有人都有好处。各个中心、项目、监管框架以及拨款，很大程度上都是由负责任的科学家推动的，并已经在全世界范围内建立起来，以确保新的技术会将科学、监管、可持续发展以及管理整合在一起，其中也包括公平问题。很多这样的工作是从纳米技术中心开始的，其他领域（例如新兴的人工智能研究群体）也可以从纳米科学家的努力中学到很多有关自我调控的经验。[2]

除了在学术机构工作，科技工作者也发现，越来越难参与那些可以被用来反对民主、公众与人权的技术。2017年，主流媒体开始报道科技工作者联盟（Tech Workers Coalition）的专题新闻，以及在技术应用引起严重道德问题的事件中，他们成功地推动美国科技企业倾听工人意见的积极主义行动。科技工作者的积极主义，迫使谷歌公司在2018年放弃了向美国国防部提供监控技术的"Maven"项目。科技工作者还在领导一场战役，反对微软公司与美国移民海关执法局的合作，特别是在反映儿童与其父母于美墨边境骨肉分离的震撼照片被公之于众以后。

第二个趋势是公民科学项目的激增，例如我在第2章里已经谈到的Rosstta@home和Foldit项目。再加上其他领域的创新方案，比如"星系动物园"，他们正和全世界数十万参与者，在一个此前从未实现的高度上进行学术科研的联系。在公民科学项目中，公众并不只是在计算机上积累必要算力以解决极度困难的问题，从而贡献时间与运算能力；他们也被鼓励参与真实的进程以解决科学问题，了解科学并与学术圈接触，乃至成为科学出版物的共同作者。

大量聚集在业余科学实验室里进行实验的团队也在激增。DIYbio.org科研团队在2008年成立，力图创建"一个充满活力、富有成效且安全的DIY（自己动手）生物学家团队"，其使命的核心是坚信生物技术与更广泛的公众认知有可能让每个人受益。DIYbio.org已经在全世界建立起超过100个本土团队，并组织日常的课程、研讨会与会议。一家叫"氨基实验室"（Amino Labs）的公司为业余科学家提供了工具套件，可用于学习合成生物学的基础，包括如何提取DNA，以及如何从基因上对细菌进行修饰以合成蛋白质。公民科学家的时代开始了。

或许，所有这些趋势中最可能带来的改变，是侵蚀了艺术与技术还有科学之间的界限，这些界限正在从两边同时被打破。艺术家与科学家以及技术工程师展开合作。艺术家成了科学家，科学家成了艺术家。科学与文艺之间这种现代的整合产生了一些作品，越来越多地离开画廊与研究机构，在一些不寻常的地方寻求和公众之间的对话，比如街道、医院、商业中心和酒吧。这样的例子随处可见，它们生根发芽并快速传播，建立在公众参与的科学活动的基础上，例如"肥皂盒科学"（Soapbox Science，以女性科学家为特征）以及"科学品脱"（Pint of Science），并且经常和公民科学家网络的活动混杂在一起。一般公众渴望知道更多，渴望被科学鼓舞，并不在意政治倾向和对社会地位的看法，而且他们天然认可科学与艺术的同盟。这些活动通常由女性主导，她们有些羞怯，却又雄心勃勃，希望使之发展成某种隐秘的变革活动。一般在这样或那样的背景下，包括发展中国家和发达国家，女性都将她们的希望寄托于科学与技术，将其作为一条寻求更公平也更有意义的社会的道路。

面对新技术给我们的身体和健康带来的根本性变化，艺术家和科学家正在对新创作与反思空间的需求做出反应。英国的艺术家索菲耶·莱顿就是一个例子，她开发出艺术品帮助病人和医生理解医院里出现的一些新技术。2016年，通过将科学、艺术、病患护理和医学进行融合，她在伦敦的大奥蒙德街医院创建了一个名为"显微镜下"（Under the Microscope）的项目。她的艺术品在与医师以及研究人员合作的工作室中诞生，她的项目正是基于此去探索儿童及其家长如何理解疾病，还有他们所接受的那些复杂的现代疗法。将新的医疗科学带给病人不是一件简单的事，不管是理解还是塑造新技术的用途都需要新的方法。马克·阿克利还在为23andMe公司服务的时候就创建了"DNA韵律"（DNA Melody）公司——23andMe是一家致力于帮助顾客通过分析唾液中的DNA研究他们的血统的公司。阿克利通过使用不同的节奏、音高、音色与音调，将基因转化为韵律，从而把DNA片段写成了乐谱。

这些作品试图让我们做好准备，同时也将技术准备好为我们服务，它们不只采取了以经济为中心的方式，也能促进积极的文化进步。它们致力于探索技术给我们的身份、健康、身体、我们与世界的关系以及我们对于现实的认知带来的改变。这种活动反映了我们对艺术的自然追求，而艺术是一种理解并创造叙事、隐喻和文化的方式，这会让我们对自身的命运以及和自然之间的关系形成更有建设性也更积极的控制。我们需要艺术以便将现代世界与我们的传统、文化以及神话联系起来，在历史中搭建我们的空间，创造一种属于未来的集体意识。实际上，要想驾驭、重塑、理解技术，乃至用我们共有的人性与历史价值观去赋予技术意义，用我们不断演进的身份去促成科学融合，从而预测并减轻它的威胁，艺术是最好的办法。

所有这些趋势都有一个潜在的主题：推动科学家去让科学实现民主化，去创建与公众合作的平台及框架，共同为我们所有人设想更好、更多元也更平等的未来。

科技与平等

驱动科学家更深入地和社会接触的一个主要关注点，是技术在一个越来越不平等的世界里带来的影响；况且，对技术的文化感知就是不平等的根源之一。正如大多数经济利益的来源一样，科学技术带来的奖励与收益在我们的社会中是不平衡的。大多数对技术的西方叙事都是它所创造的惊喜、给我们生活带来的震动，以及对于失业及人员冗余的恐惧。这种叙事也是从事实中提炼而来，因为技术已经被主要用来控制与开发自然。如今，我们能毫不意外地预见到，技术将不可避免地被用在让弱者（以及那些并没有那么弱的人）在社会和经济上变得无足轻重，或者更糟糕的是，让他们成为一种"饲料"，用于人类生物学本身的反乌托邦式开发。科学技术给了我们提升生活的承诺，同时也消除了大多数人对技术应用与开发仅剩的那一丝"为我所用"的感觉。

科学技术带给我们的可能性，也许会让21世纪成为最好也最让人兴奋的时代，生命因此变得充满活力——但只是对极少数能够从中获益的人而言：受过高等教育的，社会关系优越的，有权有势的，当然还有富人。收入以及获得保健与教育机会方面的不平等性，正严重威胁着我们这个时代的无数可能性。世界各地实验室里的科学家日益感到，如果技术带来的收益不能被更平均地分享，那么人类"固有富足"[3]的未来将不会实现。

然而，技术并不是作用于社会的外力。技术的应用，源于科学家、技术工程师、研究基金资助者、监管者、工人、消费者，最后还有生产资料的使用者与拥有者所制定的条件与决策。社会可以决定技术收益的使用与公平分配。如果使用机器人可以为它们的"雇主"带来更大的生产力与更高的收益，机器人就会造成失业，但这并不是唯一可能的结果。它们也可以被用来让我们的生活更舒适，更公平。就像我在几个案例中简单说过的那样，科学家正在更为积极地与社会交流，不只是去创造经济上的收益，同时也在创造文化价值的收益。技术上的变化可以也应当通过可能性与期望值之间的对话进行调节，而科学家不应该被排除在这一对话以外。

我想说的是，技术与平等能够相互促进，也理应如此。我们需要政策的创造力，以实现更有预见性和适应力的管理，确保科学技术会被用于减少不平等，而不是成为新的不平等来源。相应地，这样的管理也需要科学技术将其变为现实。

从我作为一名女性、母亲、物理学家与教育工作者的视角来看，观点是很清晰的：潜力无限。在实验室里，我们在纳米技术与生物学结合方面的研究具有国际化与多学科的特征，这让所有背景的男女学生都能够增强他们在科学技术上的创造力，以及他们在社会与工业上的企业家精神。因生物学与纳米技术结合而出现的新材料科学，其很多应用可能都是成本低廉的，而且很容易实现，只需要最少的实验室基础设施。在正确的框架下，新技术可以成为减少国家内与国家间不平等的一股全球性作用力。我们应当拥抱这种可能性。纳米技术科学家已经致力于让科学工具民主化，以创造可以被全世界的人类使用的、更便宜也更简单的技术，比如纸带上的生物传感设备。这些都是"朴素设计技术"的例子：2009 年在剑桥大学成立的树莓派基金会创造了售价大约 35 美元的"树莓派"电脑，已经销售了 1 000 万台；2017 年，媒体发布了"20 美分的纸质离心机"（Paperfuge）的照片，这是由斯坦福大学的工程师用纸张研制的一种离心机，能够利用陀螺玩具的原理分离血液的各种成分；还有一个案例是折叠显微镜（Foldscope），这是一种用纸叠起来的显微镜，成本低于 1 美元。

更好地控制物质，自然会激发人类的本能，制造更便宜也更亲民的技术。与学者和媒体对我们的大部分评论相反，技术本身通过让产品更优质、更价廉、更易获取，并启发科学家追求简单实用化，自然地促进了平等。需要在政治和经济上有意识地施加影响，才能构建并维持这种从技术中产生不平等的结构，而不是反过来。

技术的种子已经埋下，它有可能开启一场成功的变革性创业浪潮。学生们被扰乱经济体系的机会所吸引，因为这种经济体系不会给他们提供光明的未来。他们要用技术让他们的世界变得更好，这不只发生在波士顿、硅谷或牛津。技术可以成为一种解决很多本土问题的实用办法，不只是在发达国家，很多发展中国家也寄望于此。

　　围绕生物学的科学融合，提供了巨大的发展机遇。例如，很多亚洲国家（除日本外）并不具备强大的制药工业，它们都很看好发展医疗技术以突破现状的可能性。它们预见到在技术上发展甚至称霸全球的可能性，这将会重塑未来；在一些国家和地区（比如韩国、中国、新加坡等），生物医药相关的物理学、工程学、材料科学项目的科研经费，也清晰地反映出这一点。很明显，我在本书里展示的研究，正开始影响全球经济与地缘政治战略。

　　西方世界对技术的恐惧，还有对未来强烈的悲观看法，不是正反映了有钱有势的人担心在这样的世界里失去他们的特权地位，甚至是西方社会对失去文化与经济霸权的恐惧吗？难道这不是一种自相矛盾的游戏吗？那些认为自己有权制造并应用技术的人，同时也在制造着恐惧，以实现对技术的控制，并防止其被滥用。大多数西方国家都在缩减教育、基础科学研究与合作的经费，这可能会威胁到一些主要的工业国家在未来技术中的主导权，上述矛盾的状况是否强化了当前这一趋势？

　　尽管质询并调整诸如人工智能、机器人、生物学及纳米技术之类的技术肯定是一个不错的主意，但是对于那些主导市场的大公司来说，新技术的很多产品和应用毫无疑问是破坏性的，威胁了它们现有的经济可持续性与增长性模型，而且是在它们传统控制区域以外的地方发展出来的。这些公司有能力通过有效地游说政府，对那些挑战其控制力的研究与开发踩上一脚刹车。媒体和娱乐工业可以通过创造叙事，让公众产生疏离感与挫败感，使他们反对科学家、技术人员和专家形成的精英阶层，从而转移他们对实际权力斗争的注意力。对技术的恐惧常被用作政治和经济武器，其威力不亚于技术本身。

创造积极技术未来的愿景

如上所述，对于一种也许很快就有能力破坏人类在地球上的生活的技术，人们的恐惧与日俱增，而科学家、艺术家与民众关于这种能力应当如何被控制以创造更好世界——一个生命有更多可能、更公平也更有意义的世界——的零星尝试，与这种恐惧共存。

在这个复杂的场景中，我们失去方向的希望、恐惧与努力，正在奋力孕育出让我们得以生存的新文化。对于我们有可能定居的未来，我们该如何构建叙事与愿景？我们该如何设想出我们真正需要的东西，这样我们就能够朝着它的实现努力？

西方社会对技术的恐惧具有深厚的历史根源。正如玛丽·雪莱在其著作《弗兰肯斯坦》（1918年出版，雪莱时年20岁）中精彩总结的那样，出现在英国的第一次工业革命，蕴含的苦涩在很多西方人的心里刻下了很深的与技术有关的伤疤，后来乔治·奥威尔和阿道司·赫胥黎的作品中也有所体现。在预测未来的学术新作品，以及无数反乌托邦未来的文化表现形式中，这些源于盎格鲁中心经验主义的叙事仍然很流行。

其他西方国家对技术具有非常不同的经验。在我的祖国西班牙，无论老年人还是年轻人都对技术充满厚爱；无论主人的社会出身如何，屋顶上的一片太阳能板都会被骄傲地展示，作为解放现代化的一种标志。然而，让我震惊的是，我经常在英国的农村地区听到，人们认为屋顶上的太阳能板看起来是"可怕的现代化"，觉得它破坏"乡村生活"的体验。这不只是出于审美的原因，更是出于对技术的厌恶。英语作为一种全球性语言，对文化和学术写作拥有主导权，它传播了一种很特别的看待技术的态度——这由现代西方资本主义演化而来。如今，这种负面的观点又与"不稳定"的文化基因以及大部分存量就业市场上待价而沽的心态形成共鸣。这种负面预测带来的问题是我们对未来没有准备，如果对于我们想要的东西没有愿景，用任何办法都不能塑造未来。

在那些将科学视为福祉来源的国度里，社会与技术之间的关系大为不同。日本就是一个很值得研究的案例。在第二次世界大战以后，日本巧妙地驾驭了复杂的地缘政治，成为世界第二大经济体。这要归功于基于技术发展的增长策略，还有可以忽略不计的失业率，以及在工人（大多数是男性）及其家庭中对财富前所未有的公平分配。技术被认为是一种通向更好未来的推动力，这种思潮不是只出现在日本，而是在东亚地区普遍扩散。许多现代的流行文化都相信未来人类、自然与技术将和谐地融合在一起，日本的小说中也很少会出现弗兰肯斯坦式的角色。⁴

尽管当前的日本面临严重的经济、社会和创新的停滞，这源于对移民、性别不平等与极低出生率的恐惧，但其国民对于积极转型的期望仍然与技术交织在一起。我想和读者们分享一个来自日本的案例，它是一种进步的、富于创造性的推动力，发现了利用技术产生积极文化的方法。这个榜样也许能够启发我们，让我们思考自己对未来的愿景与梦想，那是一个我们为自己索求的未来。

2001年，当猪子寿之从东京大学数学工程与信息物理系毕业时，他创建了teamLab公司。"科技改变世界，艺术改变人类思想……与价值"，⁵这句箴言让他着迷，于是他致力于创造数字艺术，"为当代社会提供另一种生活方式"。他的梦想是和朋友们一起生活并创作，于是他创建了teamLab。如今，teamLab已经成为拥有数百名"超技术专家"的社团，包括程序员、工程师、数学家、建筑师、计算机图形动画师以及其他专家，他们在位于东京市中心的办公室里一起工作，共同从事商业和艺术运作。

转折点发生在2011年。这一年，艺术家村上隆邀请teamLab在中国台北的Kakai Kiki画廊举办了一场名为"生命！"的展览。自那之后，这逐渐成为一种全球现象。teamLab用古代日本的叙事与艺术理念，融合了艺术、技术与自然界。他们利用壮观的大型装置，以沉浸和互动的方式打动观众，直面传统思维，同时又扎根在日本古典艺术与传统作品的理智观点中。"我要和那些想要进入新世界的人站在一起，"猪子说，"那些有创造力的人，那些想要改变世界的人，是我希望启发并影响的人。"[6]过去的两年对于 teamLab 来说是非常高产的一段时间，它在全世界范围内都有非常受欢迎的展览。我热情地邀请读者访问它的网站，如果有机会，还可以参观一次它的展览，成为它的观众合作伙伴，共同创造体验。

teamLab 的作品回应了技术引起的不连贯感和矛盾感——预期与恐惧的混合体，还有我们的历史、社会与经济状况所带来的厄运感，以及"只要我们把正确的部分放在合适的位置就能创造美好与欢乐"的愿景，它们全都交织在一起。在我们迷茫的当下，teamLab 将艺术视野与尖端技术融合，展现了一种美，让我们拥抱人类作为技术物种时代的来临。

在过去的光辉中前行

为了传达我从 teamLab 中获取的灵感与希望，我将选择他们的一件作品——teamLab 的 "Enso" ——作为本书的总结，因为它反映并总结了本书中的大部分内容。"enso" 在日语中的意思是"圆圈"。自 13 世纪之后，一笔画圆就成为禅宗书法家的一项核心活动。每个 "enso" 都是不一样的，它反映的是书法家的身体与灵魂，同时也反映了特定时刻看到它的人有怎样的心境与思想。它连接了空间、时间、人类感知、技术与行动；它代表了启蒙、真理、宇宙的全部，还有人性的复杂与平等。从一个生物物理学家的视角来看，"enso"是一种对我们意识与生物状态在一瞬间的二维投射，它总是有所不同，处在不断的变化之中。所有的信号复杂地盘旋在一起，而我们正努力地借助基于纳米技术的生物传感器去将它们搞清楚，然后用未来的技术创造有关健康与疾病的数学模型，将之逐一表现出来。（见插图9。）

利用"空间书法"，teamLab成功地在三维空间下改造了"enso"。通过他们的技术，人们可以画出三维的圆圈使之悬浮在空中。利用虚拟墨水与周遭空间融合时流体力学的精确计算机模型，算法让"Enso"这件作品能够随着时间演化。通过输入智慧、传统知识与文化史并转变为算法，teamLab正在与现代医学、纳米技术、计算机科学和物理学并行（但又是独立地前行），通过技术发掘我们自身生物学的深处，在我们与自然之间构建更深刻的联系。

在本书中，我已经观察到：生物学与物理及工程学科的结合，迫使我们去体会自我正从那些支配宇宙的规则中涌现出来。知道这些规则如何支配着生命，将会释放前所未有的力量，也将迫使我们以一种更为深刻的方式与自然融合。如果做不到这一点，也许会带来技术的停滞，甚至会是我们这个物种的灭绝。我们都很容易因为技术的不成熟应用而被商品化，如果我们能够创造文化培育我们的技术使之成熟，就将有能力开启人类繁荣灿烂的未来。正如年轻的瑞典气候问题活动人士格蕾塔·通贝里，还有世界上很多学生们全心全意提醒我们的那样，我们要思考技术"青春期"的终结，直面黯淡的前景，但同时要在内心意识到我们的生命通往成年的道路。

在人类的历史上，这门新的科学第一次利用物理学工具解决了诸如智力乃至生命本身起源此类深刻问题。通过这样做（就像teamLab的"Enso"那样），它终结了数千年来的文化循环，重新将早期文明强大的直觉连接起来，尝试去理解我们的本性还有我们在宇宙中的位置。在21世纪，科学和技术很自然地与艺术还有人文相融合，而我们都在努力地从当今世界上很多地方存在的民族主义、反智主义、性别歧视以及仇外情绪的幻灭与愤怒呐喊中，找到更平等、更民主的道路。

我们站在十字路口。我们可以听从那些胆怯的还原论悲观主义者的高谈阔论，从此变得更加畏畏缩缩，或者我们也可以抓住这个对人类来说独特的机会，沐浴在更进步的科技、社会与经济民主中。通过汇聚我们的共同叙事，我们能够大胆地"在过去的光辉中前行"。[7]

自 2020 年起，一个"幽灵"成为全世界各大媒体每一天都会报道的内容——SARS-CoV-2，一种按照国际标准命名的病毒，中文通常用"新冠"来指代它，作为"新型冠状病毒"的简称。

这个病毒会让感染者出现呼吸窘迫的症状，临床症状与普通肺炎有些相近。一年多的时间里，它已经夺走了上百万人的生命，更有数倍于此的人因为感染它而留下了后遗症。但这还不是最可怕的后果，尚未被感染的数十亿人，也因为这场病毒的肆虐而感到迷茫。地球虽然依旧在转，但是每一个人都开始怀疑，第二天照常升起的太阳是否还会那般灿烂。

我们智人这个物种，染上了一种比新冠肺炎更难以痊愈的心病。于是，我们看到了很多争吵，病毒溯源、疫苗开发、无观众奥运会都成了焦点。在一场本该全人类共同站起来抵御威胁的战争中，无休无止的内讧拉长了战线，演变成旷日持久的对峙。

人类并不是第一次面对瘟疫，即使是新冠肺炎这等规模的全球性瘟疫，放在人类数千年的文明史中也算不得什么。至于新冠病毒本身，它确实可怕而狡猾，可是相比于艾滋病毒和埃博拉病毒等令人感到恐怖的病毒，属于新冠的休止符定不会是绝望。

但它成功地让人类有了一种不信任感，几乎从新冠病毒的资料被公布的第一天起，就有一种声音开始出现：这会不会是人类自己制造出来的病毒？

尽管病毒是我们已知结构最简单的生命体之一，简单到很多人都认为病毒也许不能被称之为生物，或者顶多算是生物与非生物之间的过渡状态，但是要想依靠人类的科技制造出一个看似简单无比的生命体，长期以来也是一个遥不可及的目标。

直到"组织工程"开始被世人知晓。

我在翻译《纳米与生命》这部作品以前，早就已经被"人耳鼠"的实验深深震撼，这个实验让老鼠的体内生长出人耳形状的耳廓，其中包含着牛的软骨。单看照片，也许体会到的是深深的不适。不过经过进一步发展，有些器官的生长连小白鼠这样的"替死鬼"都不需要了，一台3D打印机就可以将器官像玩具那样打印出来。

毫无疑问，但凡想一想这项技术一旦成熟之后的用途，就会令人感到无限憧憬。对于那些需要进行器官移植的病患而言，如果寻找不到合适的供体，往往就只有带着遗憾撒手人寰。然而，当人类已经能够通过生物工程技术让器官在体外发育生长时，器官移植便不会陷入"一命换一命"的伦理困境之中。

只是，在这个节点，不出所料地又延伸出了一条支线。越来越多的人担心，如果这样的技术被滥用，人类是否就具备了改造生物甚至创造生物的能力？这种能力，是否会给人类带来灾难？

于是，掌握着先进生物化学技术的人类，面临着一种抉择：是让技术继续突飞猛进，还是控制其不去捅破那个危险的天花板？这是值得每一位科研工作者思考的矛盾。

在翻译《纳米与生命》期间，我也试图从书中找到答案。作者索尼娅·孔特拉最终给出的意见是奋勇向前，而她在书中列举出的翔实证据也说服了我。用一句话总结，就是作者认为科学家是一个可以被信任的群体，那些因为蝇头小利就去参与反人类研究的人，并不能在这个群体中立足；同时，科研工作越来越需要公众的参与，因此科学家必然要选择为人类谋福祉的研究。

这似乎有些理想主义，但是不得不说，在此之前，一切非理想主义的科学哲学思想在实证过程中都失败了。人类遭遇过很多次这样的三岔路口时刻，1945年的原子弹成功爆炸便是一例。当野心家想要将原子弹作为绑架全人类的武器时，参与研究的那些科学家却已经行动起来，以各种方式避免原子弹因邪恶的目标而被使用。这其中最值得纪念的当属罗森堡夫妇，为了将原子弹的情报送给苏联，使冷战双方形成均势从而避免核战，他们甚至因此献出了生命。在被当局判刑之后，包括爱因斯坦在内的众多科学家都参与了营救活动，可惜未能成功，二人最终带着欣慰的笑容坐上了电椅，因为他们的目标已经达成。

从此以后，再危险的战争贩子也不敢轻言核战。

不同于爆米花电影中为科学家群体设定的刻板反派形象，真实的科研工作者大都会评估自己工作的善恶取向，就算出现了害群之马，也只有那些奋勇向前的战士们，才更有机会清除这些疥疮。

走下去，至少我们还能在路口上留下指示牌！

绪论　科学融合于生物学，重塑健康

1. Although most eukaryotic cells are 10–100 microns in size, some can be very large. For example, an ostrich egg, which has a diameter of 12 cm, is a single cell; the dorsal root ganglion, a cell carrying sensory information from the body to the brain, can reach 2 meters in length in a tall human and 25 meters in a blue whale; the laryngeal nerve of a giraffe is a single cell that can extend as far as 3 meters; some giant amoebas are single-cell organisms that can measure 40 mm.

2. In this book I refer to "intelligence" in a very broad sense, as the capacity of a living organism to make sense of its environment in order to survive.

3. Biological information involves extremely large quantities and multiple types of data, and hence belongs to the category of "big data"; other kinds of big data include the information collected through the internet from all its users, or the data collected in CERN and other particle accelerators and by the Hubble and other deep-space telescopes.

4. Quantum mechanics is the branch of physics that studies the behavior of very small particles, such as atoms and subatomic particles—electrons, neutrons, and so on. Early twentieth-century experiments gradually demonstrated that the "classical mechanics" developed by Newton and others to describe macroscopic forces and movements of objects could not be applied to atoms and smaller particles. Quantum mechanics differs from classical mechanics in that in small systems (e.g., atoms), quantities such as energy and momentum are restricted to discrete values (they are *quantized*); quantum objects behave as both particles and waves at the same time (*wave-particle duality*); and there are limits to the accuracy with which quantities can be measured (this is the *uncertainty principle*). Spooky characteristics

of very small units of matter, such as *quantum entanglement*—in which two or more particles' properties are dependent on each other regardless of how far apart they are in the universe—are currently the subject of much investigation for applications such as quantum computers.

5. In crystalline solids, atoms are arranged in perfectly ordered 3-dimensional arrays.

6. For reasons that resonate with much of the creative and intellectual community, science has been imbued with a sense of altruism that facilitates scientific progress—but, on the other side, the professional "precarity" increasingly suffered by workers in research and technology is exploited to pursue goals that do not benefit society. This is a complex topic which is outside the scope of this book.

第 1 章　最终，我们拥抱生物学的复杂性

1. With great intuition, the founder of microscopic anatomy, Marcello Malpighi, predicted in the seventeenth century the existence of *machinery* behind biological complexity. "The operative industry of Nature is so prolific that machines will be eventually found not only unknown to us but also unimaginable by our mind," he wrote in *De Viscerum Structura*, in 1666.

2. As the publisher summed up Denis Noble's view in his celebrated book *The Music of Life: Biology beyond the Genome* (Oxford: Oxford University Press, 2006).

3. The reader may recognize the Eames name from the couple's work as designers of, among other things, the famous Eames chair.

4. There is no consensus about the conditions that led to the emergence of prebiological molecules. Some argue that life emerged in the hot water deep underground or near hydrothermal vents in the ocean; others, that life emerged from cold salty water trapped in ice. It is also possible that life arrived from other planets, carried along by a meteorite, or even that life could have sparked from a meteorite collision.

5. Jeremy England, and many others since Erwin Schrödinger wrote *What is Life?* in 1944, have argued that the formation of complex molecules and evolution itself are programmed into the physics of the universe, in processes that are not in thermodynamic equilibrium—that is, where energy is dissipated into the environment, e.g., as heat. This use of energy enables the formation and evolution of *complexity*, the reduction of entropy that is char-

acteristic of life. See, for example, a summary of England's thinking in Natalie Wolchover, "A New Physics Theory of Life," *Quanta Magazine*, January 23, 2014. My own current work seeks to apply these ideas to the study of growth and shape in biology.

6. Others have written about reductionism using the images from the film *Powers of Ten*—for example, Robbert Dijkgraaf, "To Solve the Biggest Mystery in Physics, Join Two Kinds of Law," *Quanta Magazine*, September 7, 2017. In fact, *Powers of Ten* has inspired much writing, filmmaking, and philosophical writing. Another recent example is Derek Woods, "Epistemic Things in Charles and Ray Eames's *Powers of Ten*," in *Scale in Literature and Culture*, ed. Michael Tavel Clarke and David Wittenberg, 61–92 (Cham, Switzerland: Palgrave Macmillan, 2017).

7. Microscopes able to see cells were invented in the seventeenth century by Anton van Leeuwenhoek, a Dutch scientist and tradesman. He developed a technique for making extremely curved glass to dramatically increase the resolution of optical devices. His technique may have been inspired by the lens-grinding techniques of Baruch Spinoza, the philosopher (and craftsman) whose writings later inspired Einstein's views on the origin of the universe (Spinoza lived a few miles from van Leeuwenhoek, and they had friends in common). Van Leeuwenhoek's initial purpose was just to be able to count the number of threads in fabric to determine the quality of woven goods. But his microscope was much better than any other constructed before, and this allowed him to be the first human to see individual microscopic organisms, such as bacteria and yeast. The secrecy with which he protected his method of constructing lenses is as renowned as his discoveries.

8. Robert Hooke in England managed to construct a microscope that allowed him to observe that plants were made of cells, a term he coined to describe the plants' building blocks because their packing reminded him of the small rooms where monks used to live in in monasteries.

9. Certain aspects of Brillat-Savarin's "Gastronomie Transcendante" inspired the studies of the nineteenth-century Dutch chemist Gerardus Johannes Mulder in his search for the "most essential substances of the animal kingdom." From his studies dissolving silk, beef gelatin, egg whites' albumin, and other animal and plant substances with acids and caustic potash, he inferred that there was a fundamental unit that was present in all biological substances. His Swedish colleague Jöns Jacob Berzelius suggested that he could call these units *proteins*, from the Greek *proteios*, meaning "of first

rank or position." And so proteins were officially discovered and named in 1839. Mulder immediately made the link with the nutritional value of certain foods and suggested that it would probably be very useful to study proteins further in the future. The early history of proteins was written by chemists who developed an intense study and rapid understanding of the chemistry of life.

10. As I write this sentence (in January of 2019), Cold Spring Harbor Laboratory has announced that it is revoking all titles and honors conferred on James Watson (who led the lab for many years) over "reprehensible" comments connecting DNA, race, and intelligence. DNA and politics are almost always intertwined in not-very-nice ways.

11. Information does not flow in this sequence in all cases, though; for example, there are also processes in which information is transferred from RNA to DNA (e.g., in retroviruses, such as HIV). Some viruses are able to transfer information from RNA to RNA to produce proteins without the involvement of DNA.

12. Stephen Jay Gould, "Humbled by the Genome's Mysteries," *New York Times*, February 19, 2001.

13. John R. Shaffer et al. "Multiethnic GWAS Reveals Polygenic Architecture of Earlobe Attachment," *American Journal of Human Genetics* 101 (2017): 913–24.

14. Evan A. Boyle, Yang I. Li, and Jonathan K. Pritchard, "An Expanded View of Complex Traits: From Polygenic to Omnigenic," *Cell* 169 (2017): 1177–86.

15. Veronique Greenwood, "Theory Suggests that All Genes Affect Every Complex Trait," *Quanta Magazine*, June 20, 2018.

16. Kat McGowan, "I Contain Multitudes," *Quanta Magazine*, August 21, 2014.

17. Elena Kuzmin et al., "Systematic Analysis of Complex Genetic Interactions," *Science* 360 (2018): eaao1729.

18. Summary of Denis Noble's theme in *The Music of Life*.

19. Noriyuki Kodera and Toshio Ando, "The Path to Visualization of Walking Myosin V by High-Speed Atomic Force Microscopy," *Biophysical Reviews* 6 (2014): 237–60.

20. N. Kodera et al., "Video Imaging of Walking Myosin V by High-Speed Atomic Force Microscopy," *Nature* 468 (2010): 72–76.

21. Adam Curtis and Chris Wilkinson, "Topographical Control of Cells," *Biomaterials* 18 (1997): 1573–83.

22. Adam Curtis, "Small Is Beautiful but Smaller Is the Aim: Review of a Life of Research," *European Cells and Materials* 8 (2004): 27–36.

23. Roger Oria et al., "Force Loading Explains Spatial Sensing of Ligands by Cells," *Nature* 552 (2017): 219–24.

24. Adam J. Engler et al., "Matrix Elasticity Directs Stem Cell Lineage Specification," *Cell* 126 (2006): 677–89.

25. Readers who have had the experience of eating the brains of animals, as we still do in my native Spain, will know what 3 kiloPascals are, although cooked brains have higher *elastic modulus* (resistance to deformation) than raw ones. In fact, once I saw a presentation by a neurosurgeon showing that a raw brain can be "poured" into a bottle or other container, and flows almost like a dense liquid, taking the shape of the container almost immediately.

26. Dennis E. Discher, David J. Mooney, and Peter W. Zandstra, "Growth Factors, Matrices, and Forces Combine and Control Stem Cells," *Science* 324 (2009):1673–77.

27. Ning Wang, Jessica D. Tytell, and Donald E. Ingber, "Mechanotransduction at a Distance: Mechanically Coupling the Extracellular Matrix with the Nucleus," *Nature Reviews Molecular Cell Biology* 10 (2009): 75–82.

28. *Tensegrity* is a term coined by Buckminster Fuller, architect, engineer, artist, and many other things, to describe his vision of a new kind of architecture, conceived as emerging from the rules of nature. Fuller created tensegrity structures that maintained their stability, or integrity, through tensional force.

29. Arash Tajik et al., "Transcription Upregulation via Force-Induced Direct Stretching of Chromatin," *Nature Materials* 15 (2016): 1287–96.

30. Arvind Raman et al., "Mapping Nanomechanical Properties of Live Cells Using Multi-Harmonic Atomic Force Microscopy," *Nature Nanotechnology* 6 (2011): 809–14.

31. The Nobel Prize in Physiology or Medicine for 1963 was awarded jointly to Sir John Carew Eccles, Alan Lloyd Hodgkin, and Andrew Fielding Huxley "for their discoveries concerning the ionic mechanisms involved in excitation and inhibition in the peripheral and central portions of the nerve cell membrane."

32. Henry W. Lin, Max Tegmark, and David Rolnick, "Why Does Deep and Cheap Learning Work So Well?," *Journal of Statistical Physics* 168 (2017): 1223–47.

33. Jim Gimzewski, co-leader of a neuromorphic electronics project at UCLA, in Andreas von Bubnoff, "A Brain Built from Atomic Switches Can Learn," *Quanta Magazine*, September 20, 2017.

34. Adam Stieg, in von Bubnoff, "Brain Built from Atomic Switches."
35. Liping Zhu et al., "Remarkable Problem-Solving Ability of Unicellular Amoeboid Organism and Its Mechanism," *Royal Society Open Science* 5 (2018): 180396.
36. "Natural Computing refers to computational processes observed in nature, and human-designed computing inspired by nature." Definition from the journal *Natural Computing*, Springer, https://link.springer.com/journal /11047.

第 2 章　边制作，边学习：DNA和蛋白质纳米技术

1. Although small proteins fold spontaneously into their correct, functional conformation, large proteins are usually corralled into small spaces created by *chaperonin* proteins to optimize the folding process and avoid misfolding errors. Some proteins don't have a single folded shape; in fact, there are many "disordered" proteins whose roles we are just starting to understand.
2. The Holliday junction is named after Robin Holliday, who proposed its existence in 1964.
3. Escher's half-brother was a crystallographer and an influence on his work.
4. Steven Poole, "The Impossible World of MC Escher," *Guardian*, June 20, 2015.
5. In fact, knotting of DNA is a problem for living organisms. The tight packing of the 2 meters of DNA in the 5 microns of the cell nucleus means that DNA is prone to tangle and knot. Evolution has solved this problem with the *topoisomerases*, discovered in 1971 and studied by James Wang at Harvard for about 28 years. Topoisomerases are enzymes that pass DNA strands or double helices through one another. In their presence, linked DNA rings or loops can come apart, and different topological forms of DNA can change into one another. Without topoisomerases life is not possible.
6. The idea of doing this kind of computation is "to use the large numbers of molecules present in a solution to perform many operations in parallel," testing what interactions are possible and which aren't. One can design DNA tiles so that their assembly can imitate the operation of a Turing machine and perform operations such as addition. http://seemanlab4.chem .nyu.edu/XOR.html.
7. Paul W. K. Rothemund, "Folding DNA to Create Nanoscale Shapes and Patterns," *Nature* 440, no. 7082 (March 16, 2006): 297–302.

8. Ebbe S. Andersen et.al., "Self-Assembly of a Nanoscale DNA Box with a Controllable Lid," *Nature* 459 (2009): 73–76.

9. Chikara Dohno et al., "Amphiphilic DNA Tiles for Controlled Insertion and 2D assembly on fluid lipid membranes; the effect on mechanical properties," *Nanoscale* 9 (2017): 3051–58.

10. Shawn M. Douglas, Ido Bachelet, and George M. Church, "A Logic-Gated Nanorobot for Targeted Transport of Molecular Payloads," *Science* 335 (2012): 831–34.

11. Sonali Saha et al., "A pH-Independent DNA Nanodevice for Quantifying Chloride Transport in Organelles of Living Cells," *Nature Nanotechnology* 10 (2015): 645–51.

12. Enzo Kopperger et al., "A Self-Assembled Nanoscale Robotic Arm Controlled by Electric Fields," *Science* 359 (2018): 296–301.

13. Fei Zhang and Hao Yan, "DNA Self-Assembly Scaled Up," *Nature* 552 (2017): 34–35.

14. Grigory Tikhomirov, Philip Petersen, and Lulu Qiang, "Fractal Assembly of Micrometre-Scale Origami Arrays with Arbitrary Patterns," *Nature* 552 (2017): 67–71.

15. Klaus F. Wagenbauer, Christian Sigi, and Hendrik Dietz, "Gigadalton-Scale Shape-Programmable DNA Assemblies," *Nature* 552 (2017): 78–83.

16. Qiao Jiang et al., "Rationally Designed DNA-Origami Nanomaterials for Drug Delivery In Vivo," *Advanced Materials* 30, no. 40 (2018): 1804785.

17. Philip N. Dannhauser et al., "Durable Protein Lattices of Clathrin That Can Be Functionalized with Nanoparticles and Active Biomolecules," *Nature Nanotechnology* 10 (2015): 954–57.

18. It was Christian Anfinsen who proposed this theory in 1973. In a classic experiment, he showed that ribonuclease A could be completely unfolded by placing it in a solution of urea. Put back into a more biological environment, ribonuclease A protein spontaneously refolded and recovered its function. His proposal is known as *Anfinsen's dogma*. Christian B. Anfinsen, "Principles that Govern the Folding of Protein Chains," *Science* 181 (1973): 223–30.

19. A strong force driving the folding is the *hydrophobic effect*. Some parts of the amino acid chain are hydrophobic (they do not like to make bonds with water) so they come together to avoid water. In this way the protein folds and loses entropy, but the water molecules gain conformational freedom to increase their movement, providing an important drive (but not the only one) to deterministically find a final folded structure.

20. Robert Service, "This Protein Designer Aims to Revolutionize Medicines and Materials," *Science*, July 21, 2016: aaf5862.

21. In October 2000, the Folding@home progam was launched by Vijay Pande, a structural and computational biologist at Stanford University. Folding@home has found a very interesting way to increase computer power to search for conformations of proteins: use the processing resources of thousands of personal computers owned by volunteers (who have installed the software on their systems) when they are not using them. The project has pioneered the use of GPUs, PlayStation 3s, Message Passing Interface (used for computing on multi-core processors), and some Sony Xperia smartphones for distributed computing and scientific research. Volunteers can track their contributions on the Folding@home website, which makes volunteers' participation meaningful, even competitive, and often secures their long-term involvement. Folding@home is the best tool for sampling the way proteins might fold, but not for predicting the 3-D structure.

22. The key to the success of Rosetta was implementing an ingenious finding made in the 1990s by Chris Sander. Those were the early days of genome sequencing, and Sander and his collaborators thought that perhaps the DNA sequence in the gene that encodes for a protein could be useful for identifying two amino acids which, although they may be far away from each other in the protein sequence, are located close together in every folded protein structure. Sander hypothesized that the closeness of the two amino acids is important because they determine the folding structure. If this was true, these two amino acids would likely continue to be close to each other in the evolutionary history (or future) of a protein. If one of them mutated, the protein would not fold properly and would not work, but if they both mutated at the same time, perhaps the function could also evolve. So, if one had enough genomes, one could, in principle, search for those pairs of amino acids. If many such pairs could be found in a gene, they could be put into the computer program that calculates protein structures, to try to evaluate the possible structures that could work with those contact points. It is like finding the position of the "staples" that hold the protein together; the staples are put in place in the computer model, which then explores how the protein folds with those constraints. At the turn of the century, DNA genomic data started to pour into the databases, and Sander, working with Debora Marks at Harvard Medical School in Boston, developed a new statistical algorithm that succeeded in finding the coevolving pairs. They proved that with their technique they could constrain the position of a wide

variety of proteins for which there is no template for comparison. This achievement transformed the protein folding game, because combining the newly found "structural staple" positions with the methods developed by Baker and others around the world would reduce the amount of computational power and time required to resolve a structure.

23. Po-Ssu Huang, Scott E. Boyken, and David Baker, "The Coming of Age of De Novo Protein Design," *Nature* 537 (2016): 320–27.

24. Brian Kuhlman et al., "Design of a Novel Globular Protein Fold with Atomic-Level Accuracy," *Science* 302 (2003): 1364–68.

25. Michael Eisenstein, "Living Factories of the Future," *Nature* 531 (2016): 401–3.

26. Gabriel L. Butterfield et al., "Evolution of a Designed Protein Assembly Encapsulating Its Own RNA Genome," *Nature* 552 (2017): 415–20.

27. It started with Leonardo da Vinci in the sixteenth century and Galileo Galilei in the seventeenth: both studied the relationships between the anatomy (structure) and function of living organisms.

28. Jianwei Song et al., "Processing Bulk Natural Wood into a High-Performance Structural Material," *Nature* 554 (2018): 224–28.

29. Heechul Park et al., "Enhanced Energy Transport in Genetically Engineered Excitonic Networks," *Nature Materials* 15 (2016): 211–16.

30. In the future, when protein design becomes easier, such protein templates can be designed and produced to create any desired pattern. It might not be necessary to use viruses as a template.

31. Elisabet Romero et. al., "Quantum Coherence in Photosynthesis for Efficient Solar-Energy Conversion," *Nature Physics* 10 (2014): 676–82.

第 3 章　医学中的纳米

1. Neanderthals might have known that, too, as has been recently discovered: Laura S. Weyrich et al., "Neanderthal Behaviour, Diet, and Disease Inferred from Ancient DNA in Dental Calculus," *Nature* 544 (2017): 357–61.

2. Youyou Tu received the Nobel Prize in Physiology or Medicine in 2015 for the discovery and the development of artemisinin, one of the most widely used medicines in the treatment of malaria. Tu got the inspiration for finding effective chemical compounds to treat malaria from ancient Chinese texts; the one that gave her the key was Ge Hong's *A Handbook of Prescriptions for Emergencies* (1574 CE). The description of the preparation—"A handful of qinghao immersed in 2 liters of water, wring out the juice and drink it all"—gave Tu the idea that avoiding heating was perhaps necessary

to extract the active compound. The fascinating story of her findings and the extraordinary circumstances of her research life are summarized in an article she wrote in 2011: Youyou Tu, "The Discovery of Artemisinin (Qinghaosu) and Gifts from Chinese Medicine," *Nature Medicine* 17 (2011): 1217–20.

3. Quoted from Pasteur's Sorbonne lecture of April 7, 1864. The full lecture is available online at http://www.rc.usf.edu/~levineat/pasteur.pdf.

4. Hazel de Berg, transcript of taped interview with Lord Howard Florey, April 5, 1967, National Library of Australia, Canberra, 9. From http://www.asap.unimelb.edu.au/bsparcs/exhib/nobel/florey.htm.

5. Ernst B. Chain, "The Chemical Structure of the Penicillins," 1945 Nobel Lecture, March 20, 1946, https://www.nobelprize.org/uploads/2018/06/chain-lecture.pdf.

6. Hodgkin remains the only British woman to have ever won a Nobel Prize in science, awarded in 1964 for chemistry. She also managed to resolve the structure of insulin after thirty years of work, and she is considered the founder of protein crystallography. But the British press reported her gender rather than her science. The *Daily Mail* led with the infamous "Oxford Housewife Wins Nobel," while the Telegraph wrote: "British Woman Wins Nobel Prize—£18,750 Prize to Mother of Three." Hodgkin supervised many other women who went on to become successful scientists, such as Clara Shoemaker, Rita Cornforth, Barbara Low, Cecily Darwin Littleton, Jenny Pickworth Gluster, Eleanor Dodson, and Judith Howard. One of them, Margaret Roberts, did not have a successful career in science, but she went on to become Prime Minister Margaret Thatcher.

7. Sumerian clay tablets, the Ebers Papyrus—an ancient Egyptian medical text (ca. 1550 BCE)—and Hippocrates in Greece (ca. 460–377 BCE) all mentioned the uses of willow to alleviate pain and fever.

8. Eichengrün was a Jew, and his participation was erased from the official records during Nazi Germany.

9. Robert D. Turner et al., "Cell Wall Elongation Mode in Gram-Negative Bacteria is Determined by Peptidoglycan Architecture," *Nature Communications* 4 (2013): 1496.

10. "Biodegradable Nanostructures with Selective Lysis of Microbial Membranes," *Nature Chemistry* 3 (2011): 409–14.

11. Larry Greenemeier, "Bursting MRSA's Bubble: Using Nanotech to Fight Drug-Resistant Bacteria," *Scientific American,* April 4, 2011.

12. To document the penetration of nanotechnology in the marketplace, the Woodrow Wilson International Center for Scholars and the Project on Emerging Nanotechnology launched the Nanotechnology Consumer Product Inventory (CPI) in 2005: www.nanotechproject.org/cpi/. Silver nanoparticles are the most widely used.

13. Alexander P. Richter et.al., "An Environmentally Benign Antimicrobial Nanoparticle Based on a Silver-Infused Lignin Core," *Nature Nanotechnology* 10 (2015): 817–23.

14. Xiaomei Dai et al., "Functional Silver Nanoparticle as a Benign Antimicrobial Agent that Eradicates Antibiotic-Resistant Bacteria and Promotes Wound Healing," *ACS Applied Materials and Interfaces* 8 (2016): 25798–807.

15. Sarel J. Fleishman et al., "Computational Design of Proteins Targeting the Conserved Stem Region of Influenza Hemagglutinin," *Science* 332 (2011), 816–21.

16. Merika Treants Koday et al., "A Computationally Designed Hemagglutinin Stem-Binding Protein Provides In Vivo Protection from Influenza Independent of a Host Immune Response," *PLoS Pathogens* 12 (2016): e1005409.

17. Bruno E. Correia et al., "Proof of Principle for Epitope-Focused Vaccine Design," *Nature* 507 (2014): 201–6.

18. Zev J. Gartner, Matthew W. Kanan, and David R. Liu, "Multistep Small-Molecule Synthesis Programmed by DNA Templates," *Journal of the American Chemical Society* 124 (2002): 10304–6.

19. Wenjing Meng et al., "An Autonomous Molecular Assembler for Programmable Chemical Synthesis," *Nature Chemistry* 8 (2016): 542–548.

20. Yasuhiro Matsumura and Hiroshi Maeda, "A New Concept for Macromolecular Therapeutics in Cancer Chemotherapy: Mechanism of Tumoritropic Accumulation of Proteins and the Antitumor Agent Smancs," *Cancer Research* 46 (1986): 6387–92.

21. Elvin Blanco, Haifa Shen, and Mauro Ferrari, "Principles of Nanoparticle Design for Overcoming Biological Barriers to Drug Delivery," *Nature Biotechnology* 33 (2015): 941–51.

22. Sarah DeWeerdt, "Bacteriology: A Caring Culture," *Nature* 504 (2013): S4–S5.

23. Coley's work is currently being revisited, and the company MBVax Bioscience is using modern laboratory techniques to produce "Coley fluid" for cancer treatment.

24. Karolina Palucka, "Q&A: Evidence Presenter," *Nature* 504 (2013): S9.

25. Antonio Lanzavecchia and Federica Sallusto, "Ralph M. Steinman 1943–2011," *Cell* 147 (2015): 1216–17.
26. Adjuvants are agents that enhance the efficacy of a vaccine.
27. Christine Gorman, "Cancer Immunotherapy: The Cutting Edge Gets Sharper," *Scientific American*, October 1, 2015.
28. Michael S. Goldberg, "Immunoengineering: How Nanotechnology Can Enhance Cancer Immunotherapy," *Cell* 161 (2015): 201–4.
29. Darrell J. Irvine, Melody A. Swartz, and Gregory L. Szeto, "Engineering Synthetic Vaccines Using Cues from Natural Immunity," *Nature Materials* 12 (2013): 978–90.
30. *Humoral immunity* involves antibodies, proteins, and peptides (small proteins) that are present in body fluids, or humors.
31. Matthias T. Stephan et al., "Therapeutic Cell Engineering with Surface-Conjugated Synthetic Nanoparticles," *Nature Medicine* 16 (2010): 1035–41.
32. Yiran Zheng et al., "*In Vivo* Targeting of Adoptively Transferred T-cells with Antibody- and Cytokine-Conjugated Liposomes," *Journal of Controlled Release* 172 (2013): 426–35.
33. Robert F. Service, "Nanoparticles Awaken Immune Cells to Fight Cancer," *Science News,* January 5, 2017: aal0581.
34. Hao Yin et al., "Non-Viral Vectors for Gene-Based Therapy," *Nature Reviews Genetics* 15 (2014): 541–55.
35. Jordan J. Green, Robert Langer, and Daniel G. Anderson, "A Combinatorial Polymer Library Approach Yields Insight into Nonviral Gene Delivery," *Accounts of Chemical Research* 41 (2008): 749–59.
36. Nicole Ali McNeer et al., "Nanoparticles That Deliver Triplex-Forming Peptide Nucleic Acid Molecules Correct F508del CFTR in Airway Epithelium," *Nature Communications* 6 (2015): 6952.
37. *Angiogenesis* is the process by which a tumor grows blood vessels to supply itself with nutrients in order to develop and survive.
38. Robert Langer and Judah Folkman, "Polymers for the Sustained Release of Proteins and Other Macromolecules," *Nature* 263 (1976): 797–800.
39. Robert Langer, "Biomaterials and Biotechnology: From the Discovery of the First Angiogenesis Inhibitors to the Development of Controlled Drug Delivery Systems and the Foundation of Tissue Engineering," *Journal of Biomedical Materials Research* 101A (2013): 2449–55.
40. Samir Mitragotri, Paul A. Burke, and Robert Langer, "Overcoming the Challenges in Administering Biopharmaceuticals: Formulation and Delivery Strategies," *Nature Reviews Drug Discovery* 13 (2014): 655–72.

41. Amy C. Richards Grayson et al., "Multi-Pulse Drug Delivery from a Re-sorbable Polymeric Microchip Device," *Nature Materials* 2 (2003): 767–72; Robert Farra et al., "First-in-Human Testing of a Wirelessly Con-trolled Drug Delivery Microchip," *Science Translational Medicine* 4 (2012): 122ra21.

42. Yue Lu et al., "Bioresponsive Materials," *Nature Reviews Materials* 2 (2016): 16075.

43. J. Yu et al., "Microneedle-Array Patches Loaded with Hypoxia-Sensitive Vesicles Provide Fast Glucose-Responsive Insulin Delivery," *Proceedings of the National Academy of Sciences of the USA* 112 (2015): 8260–65.

44. Hyunjae Lee et al., "A Graphene-Based Electrochemical Device with Ther-moresponsive Microneedles for Diabetes Monitoring and Therapy," *Nature Nanotechnology* 11 (2016): 566–72.

45. Elie Dolgin, "Cancer Vaccines: Material Breach," *Nature* 504 (2013): S16–S17.

46. Ankur Singh et al., "An Injectable Synthetic Immune-Priming Center Me-diates Efficient T-Cell Class Switching and T-Helper 1 Response against B Cell Lymphoma," *Journal of Controlled Release* 155 (2011): 184–92.

47. Sidi A. Bencherif et al., "Injectable Cryogel-Based Whole-Cell Cancer Vac-cines," *Nature Communications* 6 (2015): 7556.

第 4 章　组织与器官再生

1. In Greek and Roman mythology, Hydra, the serpentine water monster, would regrow one or multiple heads for every head that an enemy had chopped off. Prometheus, a favorite hero of this book, could also regrow his liver every night, after it had been eaten by an eagle sent by Zeus during the day. Modern versions abound, from the British series *Doctor Who* to uncountable comics and manga. Regenerative powers featured in video games, comics, TV series, and literature are compiled and clas-sified on modern fan blogs such as "Regenerative Healing Factor" at SuperpowerWiki.

2. My favorite is the 1970s manga *Black Jack* by legendary author Osamu Tezuka, who was himself a medical doctor.

3. Jane Maienschein, "Controlling Life: From Jacques Loeb to Regenerative Medicine," *Journal of the History of Biology* 42 (2009): 215–30.

4. Philip Pauly, *Controlling Life: Jacques Loeb and the Engineering Ideal* (New York: Oxford University Press, 1987).

5. Pauly, 51.

6. Jacques Loeb, "Activation of the Unfertilized Egg by Ultra-Violet Rays," *Science* 40 (1914): 680–81.

7. Ross G. Harrison, "Observations on the Living Developing Nerve Fiber," *Proceedings of the Society for Experimental Biology and Medicine* 4 (1908): 140–43.

8. Leroy C. Stevens Jr and C. C. Little, "Spontaneous Testicular Teratomas in an Inbred Strain of Mice," *Proceedings of the National Academy of Sciences of the USA* 40 (1954): 1080–87.

9. Davor Solter, "From Teratocarcinomas to Embryonic Stem Cells and Beyond: A History of Embryonic Stem Cell Research," *Nature Reviews Genetics* 7 (2006): 319–27.

10. Gail R. Martin and Martin J. Evans, "The Morphology and Growth of a Pluripotent Teratocarcinoma Cell Line and Its Derivatives in Tissue Culture," *Cell* 2 (1974): 163–72.

11. James A. Thomson et al., "Embryonic Stem Cell Lines Derived from Human Blastocysts," *Science* 282 (1998):1145–47.

12. Charles A. Vacanti, "The History of Tissue Engineering," *Journal of Cellular and Molecular Medicine* 10 (2006): 569–76.

13. These pioneering studies were led by John Burke and Ioannis Yannas of the Massachusetts General Hospital and MIT.

14. Howard Green applied sheets of keratinocytes onto burn patients, and Eugene Bell seeded collagen gels with fibroblasts.

15. Robert Langer and Joseph P. Vacanti, "Tissue Engineering," *Science* 260 (1993): 920–26

16. Yilin Cao et al., "Transplantation of Chondrocytes Utilizing a Polymer-Cell Construct to Produce Tissue-Engineered Cartilage in the Shape of a Human Ear," *Plastic and Reconstructive Surgery* 100 (1997): 297–302.

17. In the late 1990s this picture went viral, circulated mainly via email, often without any text to explain it. Many people thought it was a fake. The picture provoked a wave of protests against genetic engineering, but in this experiment no genetic manipulation was performed. The ear was implanted. Even the strain of the mouse that displayed the ear is not genetically modified; it is the result of a spontaneous natural mutation.

18. "Tissue Engineering," Technologies, *Nature Biotechnology* 18 (2000): IT56—IT58.

19. Tal Dvir et al., "Nanotechnological Strategies for Engineering Complex Tissues," *Nature Nanotechnology* 6 (2011): 13–22.

20. Arvind Raman et al., "Mapping Nanomechanical Properties of Live Cells Using Multi-Harmonic Atomic Force Microscopy," *Nature Nanotechnology* 6 (2011): 809–14.

21. Jason W. Nichol and Ali Khademhosseini, "Modular Tissue Engineering: Engineering Biological Tissues from the Bottom Up," *Soft Matter* 5 (2009): 1312–19.

22. http://www.oxsybio.com/technology/.

23. Ashkan Shafiee and Anthony Atala, "Tissue Engineering: Toward a New Era of Medicine," *Annual Reviews of Medicine* 68 (2017): 29–40.

24. Kaitlyn Sadtler et al., "Design, Clinical Translation and Immunological Response of Biomaterials in Regenerative Medicine," *Nature Reviews Materials* 1 (2016): 16040.

25. Šárka Kubinová, "New Trends in Spinal Cord Tissue Engineering," *Future Neurology* 10 (2015): 129–45.

26. Jared T. Wilcox, David Cadotte, and Michael G. Fehlings, "Spinal Cord Clinical Trials and the Role for Bioengineering," *Neuroscience Letters* 519 (2012): 93–102.

27. Jia Liu et al., "Syringe-Injectable Electronics," *Nature Nanotechnology* 10 (2015): 629–36.

28. Dara Mohammadi, "The Lab-Grown Penis: Approaching a Medical Milestone," *Guardian*, October 4, 2014.

29. Ko-Liang Chen et al., "Bioengineered Corporal Tissue for Structural and Functional Restoration of the Penis," *Proceedings of the National Academy of Sciences of the USA* 107 (2010): 3346–50.

30. Okano is at the Institute of Advanced Biomedical Engineering and Science at Tokyo Women's Medical University.

31. Vivien Marx, "Tissue Engineering: Organs from the Lab," *Nature* 522 (2015): 373–77; "Cell Sheet–Based Myocardial Tissue Engineering: New Hope for Damaged Heart Rescue," Tatsuya Shimizu et al., *Current Pharmaceutical Design* 15 (2009): 2807–14.

32. Robert J. Morrison et al., "Mitigation of Tracheobronchomalacia with 3D-Printed Personalized Medical Devices in Pediatric Patients," *Science Translational Medicine* 7 (2015): 285ra64.

33. This result was reported by the group of Glenn Green at the University of Michigan (preceding reference), which 3-D–printed the splints using polycaprolactone (PCL), a biocompatible polyester that remains in place in vivo for 2–3 years before resorption by the body.

34. Hyun-Wook Kang et al., "A 3D Bioprinting System to Produce Human-Scale Tissue Constructs with Structural Integrity," *Nature Biotechnology* 34 (2016): 312–19.

35. Nadav Noor et al., "3D Printing of Personalized Thick and Perfusable Cardiac Patches and Hearts," *Advanced Science* (2019): 1900344.

36. Basma Hashmi et al., "Developmentally-Inspired Shrink-Wrap Polymers for Mechanical Induction of Tissue Differentiation," *Advanced Materials* 26 (2014): 3253–57.

37. Sangeeta N. Bhatia and Donald E. Ingber, "Microfluidic Organs-on-Chips," *Nature Biotechnology* 32 (2014): 760–72.

38. Gordana Vunjak-Novakovic et al., "HeLiVa Platform: Integrated Heart-Liver-Vascular Systems for Drug Testing in Human Health and Disease," *Stem Cell Research and Therapy* 4 (2013): S8.

39. Jannick Theobald et al., "Liver-Kidney-on-Chip To Study Toxicity of Drug Metabolites," *ACS Biomatererials Science and Engineering* 4 (2018): 78–89.

40. David B. Kolesky et al., "Three-Dimensional Bioprinting of Thick Vascularized Tissues," *Proceedings of the National Academy of Sciences of the USA* 113 (2016): 3179–84.

41. Johan U. Lind et al., "Instrumented Cardiac Microphysiological Devices via Multimaterial Three-Dimensional Printing," *Nature Materials* 16 (2017): 303–8.

42. Aliya Fatehullah, Si Hui Tan, and Nick Barker, "Organoids as an *In Vitro* Model of Human Development and Disease," *Nature Cell Biology* 18 (2016): 246–54.

43. Marx, "Tissue Engineering: Organs from the Lab."

44. Sung-Jin Park et al., "Phototactic Guidance of a Tissue-Engineered Soft-Robotic Ray," *Science* 353 (2016): 158–62.

45. The optical sensitivity is achieved using *optogenetics*. Optogenetics uses a viral vector to insert a gene into the host cell that then expresses a protein at the cell surface that is sensitive to light.

46. Elizabeth Pennisi, "Robotic Stingray Powered by Light-Activated Muscle Cells," *Science* News, July 7, 2016: aaf5835.

47. Michel Foucault, *The History of Sexuality*, vol. 1: *The Will to Knowledge* (London: Penguin, 1998), 140.

第 5 章 总之，生命改变一切

1. This has been extensively studied by K. Eric Drexler in his book *Radical Abundance: How a Revolution in Nanotechnology Will Change Civilization* (New York: PublicAffairs, 2013).
2. Anna Nowogrodzki, "Inequality in Medicine," *Nature* 550 (2017): S18–S19.

结语 生物变成物理：我们成为技术物种的时代正在来临？

1. http://www.matterforall.org/
2. Hillary Sutcliffe, "5 Lessons from the Past for the Fourth Industrial Revolution," World Economic Forum, February 23, 2017, https://www.weforum.org/agenda/2017/02/lessons-from-nanotech-for-the-4th-industrial-revolution/.
3. K. Eric Drexler, *Radical Abundance: How a Revolution in Nanotechnology Will Change Civilization* (New York: PublicAffairs, 2013).
4. An archetypal example is Doraemon. The cat-robot from the future has been part of children's lives in Japan since the first manga series was published in 1969. The manga were followed by a television series that is now watched by children all over the world. Doraemon arrives from the twenty-second century to help Nobita Nobi with his problems with friends, family, and school. Like its predecessor, Astro Boy, the robot is a force for good, helping humans, making their life more fun, more comfortable and interesting.
5. Anna Dickie, "Toshiyuki Inoko in Conversation," *Ocula* magazine, January 13, 2014.
6. Ashlee Vance, "Japan's Obsessive Robot Inventors Are Creating the Future, Episode 8: The Tech Industry in Japan Has Awakened through Androids, Insane Art and Quirky Inventors," *Bloomberg Businessweek*, October 26, 2016.
7. The words of Francesco Petrarca (Petrarch), founder of humanism and initiator of the Renaissance.